AF596597

LES DIATOMÉES

DE

LUCHON ET DES PYRÉNÉES CENTRALES

LES

DIATOMÉES

DE

LUCHON ET DES PYRÉNÉES CENTRALES

AVEC PLANCHE

PAR

ÉMILE BELLOC

OFFICIER D'ACADÉMIE

Membre de la Société des Sciences physiques et naturelles de Toulouse,
de la Société des Etudes du Comminges,
de l'Association française pour l'Avancement des Sciences.

(EXTRAIT DE LA *REVUE DE COMMINGES*)

SAINT-GAUDENS
IMPRIMERIE ET LIBRAIRIE ABADIE

1887

Sur l'avis conforme de M. de Quatrefages, de l'Institut, membre honoraire de la Société des études de Comminges, cette Société, réunie en assemblée générale à Luchon, le 3 juillet 1887, a décerné une médaille d'or à M. Emile Belloc, pour son étude sur les Diatomées de Luchon et des Pyrénées centrales, et décidé l'impression de ce Mémoire dans la *Revue de Comminges*.

Le Président de la Société des Études,

JULIEN SACASE.

LES DIATOMÉES

DE LUCHON ET DES PYRÉNÉES CENTRALES

Les Pyrénées, vaste champ d'étude ouvert aux investigations des naturalistes, offrent des ressources d'un intérêt tout particulier pour la recherche et l'observation des Diatomées.

La position géographique que cette chaîne de montagnes occupe au centre de la zone tempérée, les différences altimétriques du thalweg de ses vallées, son relief qui s'élève graduellement du niveau de la mer jusqu'à 3,404 mètres d'altitude, ainsi que l'orientation générale du système pyrénéen tout entier, engendrent des conditions climatologiques extrêmement variées, n'ayant d'analogie avec aucune autre chaîne de montagnes du globe terrestre, propices par cela même à l'éclosion et au développement d'un très grand nombre d'espèces de Diatomées.

Le versant Sud présente un front considérable de masses rocheuses et végétales, magnifiquement colorées par le soleil d'Espagne, tandis que le revers septentrional (dont les cimes couronnées de glaciers et de neiges éternelles sont fouettées par les vents humides du Nord-Ouest) arrête au passage et condense le long de ses flancs les brouillards et les nues qui ont pris naissance dans l'océan Atlantique.

L'on sait qu'à l'extrémité O.-N.-O., au cap Torinana, les soubassements du massif pyrénéen s'enfoncent dans l'Océan, et qu'à l'E.-S.-E., au cap Creus, les derniers contreforts de la chaîne disparaissent sous les flots azurés de la Méditerranée.

Au premier abord, ce rapide résumé topographique peut paraître étranger au sujet que nous allons traiter; il s'y rattache cependant, car il a pour but de démontrer que le régime climatologique pyrénéen participe à la fois des climats méditerranéens et pour ainsi dire africains vers l'Espagne, et du climat plus froid et plus humide de l'Atlantique.

Il résulte de cette grande diversité de température, des conditions climatologiques multiples, particulièrement favorables à l'éclosion et au développement des organismes microscopiques dont nous allons nous occuper.

L'on peut donc affirmer que les Pyrénées, représentant à peu près tous les climats, renferment une très grande partie des espèces de Diatomées connues, d'eau douce ou marines.

Aperçu historique[1].

L'étude des Diatomées est l'une des plus importantes, des plus instructives et des plus attrayantes que le micrographe puisse entreprendre.

Les premières observations ne remontent vraisemblablement pas au-delà de 1772.

1. Mon intention n'est pas de donner ici l'histoire complète des Diatomées; cependant, pour me rendre au désir témoigné par le sympathique président de la Société des études du Comminges, M. Julien Sacaze, qui ne s'intéresse pas moins aux sciences naturelles qu'aux sciences historiques, je tâcherai de résumer rapidement les connaissances acquises jusqu'à ce jour, renvoyant aux publications spéciales ceux de nos collègues qui voudraient approfondir le sujet.

A cette époque, O.-F. Müller décrivait, sous le nom de *Vorticella pyraria*, un infusoire qui, en réalité, était un *Gomphonema;* en 1786, le même auteur fit connaître une autre espèce qu'il confondit également avec les Vibrions et à laquelle il donna le nom de *Vibrio paxillifer*. Deux ans plus tard, Gmelin détacha cette espèce du groupe des Vibrioniens et l'appella *Bacillaria paradoxa*, nom qu'elle porte encore et duquel les Allemands ont tiré celui de *Bacillariacées*, que certains auteurs donnent à ce groupe d'algues unicellulaires, plus généralement désigné aujourd'hui sous le nom de *Diatomées*.

Il faut franchir une assez longue période et arriver en 1817, année où Nitzsch publia son ouvrage sur les Bacillariées, pour voir apparaître un travail réellement important; mais à partir de ce moment le goût de ce genre d'étude semble se répandre; Lyngby dans son *Tentamen Hydrophytologiæ Danicæ* (1819), décrit déjà vingt-quatre espèces de Bacillariées; Linck (1820), le colonel Bory de Saint-Vincent (1822), décrivent des formes nouvelles; C.-A. Agardh, *Conspectus criticus Diatomacearum*, 1824, divise les Diatomées en vingt-un genres comprenant cent seize espèces. L'on voit s'accroître le nombre des Diatomées dans les travaux de Turpin (1828) et d'Eherenberg (1830-1838).

En 1834, F.-G. Kützing publie sa Synopsis, et en 1844, son grand travail : *Die Kiesselschaligen Bacillarien oder Diatomaceen*. Puis enfin, en 1853, le révérend William Smith fait paraître son ouvrage, devenu classique, *Synopsis of the british Diatomaceæ*, et, en 1863, le Dr Louis Rabenhorst donne les *Süsswasser Diatomaceen*. Depuis, la liste des travaux sur les Diatomées s'est considérablement augmentée, et nous aurons l'occasion de parler plus tard des ouvrages importants de MM. Grunow, Alp. de Brébisson, A.-F. Castracane, J. Deby, S.-T. Cleve, Dr H. van Heurck, Paul Petit, J. Brun, Léduger-Fortmorel, Dr J. Pelletan, Delogne, etc.

Ce court résumé, dans lequel nous n'avons cité que

les études les plus marquantes, a pour but de montrer que les travaux importants publiés sur les Diatomées ne remontent guère au-delà de l'année 1817. Cela tient d'abord à l'état d'infériorité relative dans lequel s'est trouvée l'optique microscopique jusqu'à cette époque, et surtout aux idées préconçues de certains micrographes qui professaient, de parti-pris, un mépris non dissimulé pour ce genre d'observations, affectant de considérer l'étude des Diatomées comme un passe-temps insignifiant et sans utilité.

Une véritable révolution s'est opérée dans l'optique micrographique depuis cinquante ans, et les micrographes sont forcés de reconnaître que grâce aux exigences sans cesse renouvelées des diatomistes envers les opticiens, la partie optique des appareils d'observations microscopiques a reçu des perfectionnements inespérés qui ont puissamment facilité la tâche des micrographes de l'époque actuelle.

Aujourd'hui, il ne semble point surprenant, comme il eût pu le paraître naguère, d'entendre un histologiste, professeur distingué de la faculté de Claveland, le Dr J. S. Smith, dire à ses disciples : « L'étudiant qui se prépare à des recherches nouvelles ne doit pas négliger l'étude des Diatomées, car aucun exercice pratique n'a encore été découvert pour apprendre à l'étudiant l'usage et le maniement de ses instruments qui soit comparable aux difficultés supérieures qu'offrent ces organismes minuscules. On a dit que l'adversité éprouve et montre nos belles qualités. Ces petites écailles, davantage encore, éprouvent le prétendu manipulateur, et comme le juge, font voir ses pires défauts ».

En effet, ces merveilleuses petites plantules, souvent moins visibles à l'œil nu qu'un trou d'aiguille sur la page d'un livre, par l'élégance de leur structure, la variété des formes, la richesse d'ornementation qui recouvre leurs enveloppes diaphanes, ont toujours été un sujet d'étonnement et d'admiration pour les naturalistes qui les ont observées,

La petitesse de ces êtres microscopiques est extrême. Pour donner une idée de leur proportion infinitésimale, disons que le micrographe allemand, Ehrenberg, a calculé qu'un pouce cube de terre diatomifère peut contenir *quarante millions* de ces individus et qu'un grain de pierre à polir de Bilin, en Bohême, peut en fournir *cent quatre-vingt-sept millions*.

Des mensurations plus récentes, très scrupuleusement faites par M. le professeur J. Brun, de Genève, et consignées dans son remarquable travail sur les Diatomées des Alpes et du Jura, nous ont appris qu'un millimètre cube de substance diatomifère pourrait contenir *quarante millions* d'exemplaires de l'*Achnanthidium delicatulum* et *vingt-sept millions* d'exemplaires de la *Navicula pelliculosa*. Ce sont là, il est vrai, nos deux plus petites espèces, mais, parmi les plus grandes, on trouve rarement qui atteignent vingt ou trente centièmes de millimètre.

Les Diatomées furent longtemps confondues avec les infusoires. Ces organismes microscopiques, dont il fut fait mention, pour la première fois, dans une flore française en 1805, par l'illustre de Candolle, qui créa le nom du genre Diatoma (1), sont classés aujourd'hui parmi les algues unicellulaires.

Selon M. Deby, cet organisme doit être considéré, — à l'état vivant, — « comme un être unicellulaire dont l'intérieur est conforme à celui de beaucoup d'autres êtres unicellulaires, mais dont l'enveloppe protectrice, polypartie et siliceuse, ne se rencontre nulle part ailleurs dans la nature et sert à le caractériser nettement ».

Les Diatomées se rattachent aux infusoires par les *Coc-*

(1) De Candolle avait sans doute oublié que Loureiro, en 1790, dans sa *Flora Cochenchinensis*, avait décrit une myrtacée à laquelle il avait donné le nom de *Diatoma brachiata*; plus tard, dans le *Prodromus*, de Candolle substitue à ce nom, donné par Loureiro, celui de *Petalotoma*. (D'après une note communiquée par M. P. Petit.)

coneis, qui affectent la forme et la simplicité organiques des animalcules infusoires du genre *Monas*.

D'autre part, elles sont intimement liées aux algues filamenteuses par les Gaillonella, dont les frustules discoïdes, soudés bout à bout au moyen d'une sécrétion gélatineuse, transparente, qui les enveloppe, forment des espèces de colonies semblables aux ramules des conservacées.

S'il était permis de croire à l'existence réelle d'une ligne de démarcation entre le règne animal, végétal et minéral, l'on pourrait dire que les Diatomées servent de trait d'union entre ces trois grandes divisions imaginées par les devanciers de nos biologistes et physiologistes modernes, alors que les moyens optiques d'investigation et les procédés d'expérimentation pratique étaient encore dans l'enfance de l'art.

Depuis lors, les nombreux perfectionnements apportés à ce merveilleux instrument — le Microscope — ayant considérablement agrandi le champ des recherches, des sciences nouvelles ont été créées. Les découvertes des savants qui s'adonnent à l'étude de l'anatomie comparée, de la morphologie, etc., ont modifié dans leurs principes les plus essentiels les idées philosophiques relatives à l'éclosion de la vie, à l'enchaînement des êtres, aux conditions de leur existence et de leur propagation.

Celui qui observe attentivement cette chaîne immense qui commence à l'être le mieux organisé pour finir à la cellule unique, et même au plasma sans enveloppe, dernière manifestation appréciable de la vie, ne tarde pas à être convaincu que rien n'est isolé dans la nature; tout se tient, tout s'enchaîne. Malgré l'absence de quelques maillons qui n'ont pas encore été retrouvés, les gradations paraissent tellement insensibles, les nuances si douces, l'harmonie si parfaite, qu'un esprit éclairé ne saurait apercevoir de lacune dans l'œuvre divine de la création des êtres.

Diatomées à l'état vivant.

Nous avons dit que les Diatomées se rapprochent des animalcules infusoires par le mouvement de propulsion dont elles sont animées. Néanmoins on les considère, avec juste raison, comme des plantes, à cause de la constitution du plasma, de la présence d'une modification de la chlorophylle et de la production d'oxygène dans la respiration.

Répandues à profusion à la surface du globe terrestre, on les rencontre en très grande abondance, — à l'état vivant, — fixées aux conferves filamenteuses, aux plantes aquatiques et généralement sur tous les corps flottants à la surface des eaux tranquilles; sur les mousses couvrant l'écorce des arbres ou tapissant les rochers qui bordent les cascades, les torrents, les fontaines; sur les algues marines, les enveloppes rigides des mollusques testacés, les écailles des poissons. Mélangées aux enduits vaseux, elles adhèrent aux parois des rochers en partie immergés, ainsi que sur les vases humides ou couvertes de quelques centimètres d'eau.

Les alluvions des fleuves, des rivières, même des plus petits cours d'eau, en contiennent des quantités incalculables.

Dans les régions tropicales, des contrées entières sont recouvertes de vases diatomifères d'une étendue et d'une épaisseur prodigieuses. « La *boue à diatomées* constitue un dépôt étendu dans le Pacifique méridional, entre l'angle nord de la banquise de glace et la latitude des îles Mac-Donald, » dit un géologue que notre Société des études est heureuse de compter parmi ses membres honoraires, comme un modèle de science et de probité scientifique, M. A. de Lapparent[1]. L'embouchure de

1. *Traité de géologie*. Paris, librairie F. Savy.

certains fleuves, tels que l'Amazone, le Mississipi, etc., est obstruée par des dépôts vaseux contenant jusqu'à 50 °/₀ de ces organismes minuscules. Pour en donner une idée, il suffit de dire que sur 90,000 mètres cubes de vase retirée du port de Swimmude (embouchure de l'Oder), en 1839, il y avait plus de 30,000 mètres cubes exclusivement formés par des carapaces de Diatomées ou de Foraminifères.

Leur présence a été constatée jusque dans les eaux glacées des mers polaires : « La mer Glaciale, près du Groënland, du Spitzberg et de la Nouvelle-Zemble, est couverte de ces organismes..... ils abondent sur les côtes du Japon, de la Nouvelle-Guinée, de l'Amérique du Nord, dans la mer d'Arafura, dans les baies fermées et les deltas[1] » (M. de Lapparent), dans celles qui découlent des glaciers des Alpes, des Pyrénées, de la Cordillère des Andes, de l'Himalaya, et dans les eaux thermales, sulfureuses, et ferrugineuses de certaines sources pyrénéennes.

En résumé, les Diatomées, à l'état vivant, trouvent dans les endroits humides où la lumière pénètre librement le milieu qui convient à leur éclosion ainsi qu'à leur développement.

Diatomées à l'état fossile.

Les Diatomées sont pourvues d'une carapace siliceuse, que nous décrirons plus loin, sorte d'enveloppe protectrice de la substance interne, qui leur permet d'opposer une très grande résistance aux agents dissolvants de l'atmosphère, ainsi qu'aux produits chimiques les plus violents. « La membrane des cellules est toujours fortement silicifiée, incapable de croître, par conséquent, une fois formée, et se conservant indéfiniment après la mort

1. *Loc. cit.*

ou même après l'incinération », comme l'a dit l'éminent botaniste français, M. Ph. Van Tieghem[1].

Ceci explique l'état parfait de conservation dans lequel on retrouve la plupart des Diatomées recueillies à l'état fossile, et aussi le rôle considérable que ces êtres minuscules ont joué dans les formations géologiques des époques tertiaires et quaternaires constituant l'écorce terrestre. Un savant italien, M. le comte de Castracane — dans une étude spéciale (Rome, 1872) devenue introuvable comme la plupart des anciens écrits du même auteur, — a démontré la participation directe que ces êtres minuscules ont pris à ces formations.

On les trouve — à l'état fossile — par couches d'une épaisseur extraordinaire.

Certains dépôts jurassiques, parmi lesquels nous citerons celui du lac Boa, île de Mull (Écosse), le gisement tertiaire de Richemont (Virginie), ceux de Down-Mourn (Irlande), d'Oran (Algérie), de Santa Fiore (Italie), de Ceyssat, de Menat (Auvergne), et beaucoup d'autres qu'il serait trop long d'énumérer, en renferment des quantités incalculables.

L'argile marneuse des Polders formant, en majeure partie, le sous-sol de la zone littorale dans la Flandre occidentale et en Hollande, dont la puissance est facilement constatée par les nombreux sondages qui se font sous la ville d'Amsterdam, atteint plus de 50 mètres de profondeur et contient de 15 à 25 °/o de débris de Diatomées marines.

Le sol sous-jacent de la ville de Berlin, amas énorme de tourbe argileuse d'environ 28 mètres d'épaisseur, est constitué, en grande partie, par les enveloppes de ces plantes minuscules.

Le terrain sur lequel est construite la ville de Richemont (État de Virginie) se trouve dans des conditions à peu près identiques.

1. *Traité de botanique*. Paris, librairie F. Savy.

La *Navicula viridis,* espèce de Diatomée d'eau douce encore très abondante dans les cours d'eau et les fontaines des environs de Berlin, forme la plus grande partie des dépôts siliceux (Kieselguhr) des tourbières de Franzbad (Bohême).

Dans le fer limonite tufacé de certains marais autrichiens, les Diatomées du genre *Gaillonella* dominent, et les gisements de Planits, en Saxe; de Bilin, en Bohême, dont la profondeur verticale dépasse 44 mètres, sont formés en majeure partie de Navicules d'eau douce.

Les produits que l'on retire de ces immenses dépôts sont utilisés dans les arts et par l'industrie métallurgique pour le polissage des métaux sous le nom de tripoli.

Un savant diatomiste français, Alphonse de Brébisson, eut l'idée, il y a plus de quarante ans, de se servir des carapaces d'une Diatomée filamenteuse nommée *Himantidium pectinale,* pour polir les plaques argentées qui servaient, à cette époque, à la nouvelle et merveilleuse découverte de Daguerre. Les tripolis du commerce, souvent mêlés à du sable grossier, ne donnaient pas aux plaques daguerriennes un poli assez fin pour obtenir de bonnes images, et ce fut grâce aux carapaces de certaines Diatomées que de Brébisson arriva à produire un poli d'une finesse extrême qui rendit les plus grands services à l'art naissant du daguerréotype.

Nous signalons incidemment cette application de la carapace siliceuse de l'*Himantidium pectinale,* application qui n'eut pas d'autre suite, en conséquence des nouvelles découvertes photographiques.

Cependant le rôle de ces inoffensives petites plantules n'est pas toujours aussi pacifique. Des chimistes, des ingénieurs militaires, ont su utiliser leur propriété absorbante pour créer l'un des agents de destruction les plus formidables inventé de nos jours : la dynamite.

En France, les dépôts fossiles siliceux de Randanne et des environs du Puy-de-Dôme sont les plus recherchés, pour la fabrication de ce produit explosif, à cause de la propriété absorbante que présentent les valves des Diatomées qu'on y rencontre. Elles absorbent jusqu'à 80 % de leur poids des liquides dont on les imprègne.

Comme le disent très justement MM. Leduger-Fortmorel et Paul Petit, dans une étude fort instructive sur les gisements siliceux de l'Auvergne, « les valves des Diatomées étant formées de cellulose imprégnée de silice, sous l'influence des causes extérieures, la cellulose a complètement disparu, et la silice reste à l'état poreux, dans un état analogue à celui des sels calcaires quand on détruit la gélatine des os par la calcination. »

Profitant de cette faculté d'absorption, l'on sature ces carapaces de nitroglycérine et, « en cet état, précieux avantage, sa puissance explosible au moindre choc est annihilée, elle n'éclate plus que sous l'influence de l'étincelle électrique ou d'une capsule fulminante. La dynamite devient ainsi transportable, même par le chemin de fer, pourvu qu'elle soit renfermée dans des barils qui ne laissent rien transsuder ».

Ces dépôts, connus des géologues sous le nom de *farine fossile*, contiennent une grande quantité d'*Epithemia*, de *Synedra, Navicula, Gaillonella,* etc. ; ces espèces possédant des valves très épaisses, retiennent une plus grande quantité de nitroglycérine que les espèces à enveloppes minces, aussi sont-elles plus recherchées.

D'autres gisements existent dans l'Ardèche et dans les Pyrénées, notamment dans le département de l'Ariège, mais ils sont encore peu exploités.

Description analytique.

Si nous observons attentivement, à l'aide du microscope, une de ces minuscules plantules, après l'avoir isolée et préalablement débarrassée des corps étrangers fixés sur son enveloppe, nous ne tardons pas à reconnaître que ce corpuscule n'est point aussi simple que nous aurions pu le croire en le regardant à l'œil nu. Au contraire, le microscope révèle que cet infiniment petit est un tout, formé de parties distinctes, ayant chacune sa vie propre et sa fonction déterminée, un être organisé, en un mot, régulier, symétrique, affectant les formes les plus variées sans cesser d'être parfaitement géométrique. Et, sans le secours d'objectifs très puissants, il serait impossible de soupçonner la finesse, la correction et la délicatesse des merveilleux dessins qui ornent ses valves diaphanes.

Ces corpuscules microscopiques, appelés d'abord *Bacillariées* par les auteurs allemands, et plus connus aujourd'hui sous le nom de *Diatomées*, sont formés :

1° D'une cavité unicellulaire interne, ou *Utricule primordial*;

2° D'une enveloppe protectrice bivalve, cellulo-siliceuse, fragile, incombustible, résistant aux acides bouillants et souvent, à la putréfaction, nommée *Carapace*;

3° D'une membrane externe très mince, formée d'un enduit muqueux, semi-transparent, qui leur permet d'adhérer fortement les uns aux autres et de se fixer sur les corps solides ou flottants qui émergent à la surface de l'eau.

Cette enveloppe gélatineuse, connue des Anglais sous le nom de *Thalle,* a été appelée *Coléoderme* par Ch. de Brébisson.

Dans son ensemble, la carapace cellulo-siliceuse se nomme *Frustule.* A l'intérieur du frustule, l'on distingue (à part la membrane cellulaire) :

1° Un *Nucléus*, ou noyau central;

2° Des globules, d'apparence graisseuse, plus ou moins colorés;

3° Une substance liquide incolore;

4° Des granules de matière non déterminée;

5° Un plasma coloré, translucide, brun jaunâtre, plus ou moins foncé, passant de la couleur bistre à la terre de Sienne brûlée, tantôt granuleux, tantôt lamelleux, selon les espèces; il porte le nom d'*Endochrome*.

La coloration de ce plasma a été l'objet de nombreuses études et de non moins nombreuses discussions.

Sa véritable nature est restée longtemps inconnue. D'après une analyse faite par Frankland et Smith, sa coloration fut attribuée à la présence d'une certaine quantité de silicate ou de protoxyde de fer.

De Brébisson constata, le premier, qu'en laissant dessécher, sur une feuille de papier, des *Melosira* (Gaillonella); la substance interne verdissait. Kützing obtint un pigment vert, semblable à la chlorophylle, en faisant agir de l'alcool ou de l'acide chlorhydrique sur l'endochrome. M. Askenasy parvint à l'isoler, mais ce fut MM. Krans et Millardet qui firent connaître la véritable nature du pigment des Diatomées.

Depuis, les caractères chimiques et spectroscopiques de l'endochrome ont été étudiés et définis d'une manière remarquable par l'un de nos plus savants diatomistes français, M. Paul Petit. Nous regrettons de ne pouvoir donner ici que le résumé des conclusions de cet intéressant travail, publié en 1879 dans la — *Revue Brebissonia* : — « L'endochrome des Diatomées renferme une matière colorante, *la Diatomine,* qui a beaucoup d'analogie avec la chlorophylle des végétaux supérieurs. Ce principe colorant se dédouble en Phycoxanthine et en Chlorophylle, mais le rapport de ces deux matières colorantes varie d'une espèce à l'autre. Les Diatomées les plus foncées en teinte sont celles qui renferment le plus de chlorophylle. Enfin, le spectre de la Diatomine montre une grande analogie avec celui de la chlorophylle normale. »

En somme, malgré de légères critiques faites par un Anglais anonyme, peut-être intéressé en cause, les belles recherches de M. Paul Petit n'en sont pas moins concluantes. Elles prouvent d'une façon péremptoire que la matière colorante verte extraite de la Diatomine a pour base la chlorophylle des végétaux supérieurs mélangés à la Phycoxanthine.

*
* *

Après ce léger aperçu du contenu de la cellule primordiale, nous avons à examiner la *carapace* qui la protège.

Cette *carapace*, produit des sécrétions de l'utricule primordial, est composée de deux valves opposées, constituées par de la cellulose imprégnée de silice.

Dans la plupart des espèces connues, la forme symétrique des valves, ainsi que les merveilleux dessins qui les ornent, sont rigoureusement géométriques malgré leur grande variété. Ces valves sont légèrement voûtées, et leurs faces concaves, tournées vers l'intérieur, entourent exactement la membrane cellulaire. Chacune de ces valves est pourvue d'un rebord qui s'emboîte strictement l'un dans l'autre.

Ce rebord, espèce de ceinture formée de deux fines bandes de silice, porte le nom de *bande connective, zone d'emboîtement, zone connective,* ou plus simplement *connectif.* C'est la *connective membrane* des Anglais et la *Gürteband* des Allemands.

Les connectifs adhèrent faiblement aux valves, mais en sont indépendants.

L'un de ces connectifs, un peu plus grand que l'autre, entoure la valve supérieure; l'autre s'adapte strictement à la valve inférieure, ce qui leur permet de se recouvrir mutuellement et de glisser l'un sur l'autre à la manière des tubes d'un microscope. On les rencontre souvent détachés du frustule.

Une carapace de Diatomée peut donc être considérée comme étant formée :

1° D'une valve supérieure;

2° D'un connectif, qui suit exactement son contour;

3° D'une valve inférieure, pas toujours semblable à la valve supérieure;

4° D'un connectif, plus petit que l'autre, se laissant légèrement recouvrir par la bande connective de la valve supérieure et s'emboîtant strictement avec elle.

Pendant la période de reproduction et selon l'état plus ou moins avancé de développement de la Diatomée, l'on peut voir des individus de même espèce ayant deux valves et un seul connectif, comme nous l'observerons plus loin.

En résumé, il y a à considérer, dans une Diatomée, deux éléments principaux parfaitement distincts quoique intimmeent liés : l'un, actif, c'est-à-dire l'utricule primordial avec la matière organisée qu'il contient; l'autre, passif, ou carapace siliceuse, produit des sécrétions de la membrane cellulaire interne.

Pour compléter cette rapide analyse de la Diatomée vivante, il nous reste à parler de la substance gélatineuse, hyaline, translucide, qui enveloppe les jeunes frustules. Ce mucus appelé *Coléoderme* et que l'on désigne aussi sous le nom de *Thalle,* contient une faible quantité de silice empruntée à l'eau ambiante au sein de laquelle vivent les Diatomées. C'est par l'intermédiaire de cette enveloppe molle, d'après M. J. Brun, que les valves des Diatomées s'assimilent la matière siliceuse nécessaire à leur formation. Au fur et à mesure que les jeunes valves acquièrent une consistance suffisante, « le *thalle* se désagrège, se distend, devient membraneux », il se trouve bientôt réduit à l'état de simple pellicule et prend le nom de *Coléoderme.*

Les appendices, les pédicelles et les frondes qui servent de support à certaines espèces de Diatomées sont formés par une sécrétion muqueuse semblable à celle du *Coléoderme.*

*
* *

Ici une question vient se poser à l'esprit de l'observateur

Existe-t-il une communication directe entre la substance interne renfermée dans l'utricule et la partie extérieure du frustule ?

La réponse ne peut être douteuse, puisque la Diatomée vivante respire, absorbe de l'acide carbonique et exhale de l'oxygène.

Ce point est donc mis hors de doute. Mais lorsqu'il s'agit de préciser de quelle manière cette communication s'établit, les auteurs sont loin d'être d'accord.

Les uns affirment que les valves des Diatomées sont pourvues de pores par lesquels le liquide ambiant pénètre dans l'intérieur du frustule, d'autres prétendent que la communication s'établit par endosmose, à travers les parties des valves où la matière est moins dense, où la cellulose est moins imprégnée de silice.

M. J. Deby, aux travaux duquel il faut avoir souvent recours lorsqu'il s'agit des valves des Diatomées, pense qu'il n'existe ni pores, ni ouvertures proprement dites dans le frustule et que la communication s'opère simplement par les bords libres des connectifs. M. A. Schmit ne croit pas que le *Raphé*, espèce de saillie linéaire et longitudinale visible à la surface des valves, soit une fente. « La chose semble cependant être mise hors de doute par les recherches de M. Prinz », dit M. le Dr H. Van Heurck, dans sa *Synopsis*. M. Deby réfute les idées de M. Prinz, mais la place me manque pour analyser ces travaux, ainsi que ceux de MM. Cox, Flögel, Otto-Muller, etc., que l'on pourra consulter, si l'on désire approfondir ce sujet capital.

Reproduction des Diatomées.

L'époque de la reproduction des Diatomées, ni les conditions climatologiques qui les favorisent ne sont pas encore bien connues, malgré la fréquence de la reproduction, abondante comme chez tous les infiniments petits en général.

Nonobstant les difficultés d'observation, les auteurs (grâce à quelque heureux hasard) sont à peu près d'accord, cependant, sur le mode de multiplication qui a lieu par *déduplication.*

La subdivision commence par le nucléus; il se sépare en deux, ainsi que l'endochrome, en même temps qu'un plissement de la membrane cellulaire se forme aux extrémités du frustule. Le plissement interne de l'utricule se propage de proche en proche vers la partie médiane de la cellule, atteint rapidement l'une des portions de la masse nucléolée qu'il englobe, continue son mouvement extensif jusqu'au point où se trouvait originellement le centre du nucléus primitif, et, finalement, prend contact avec le plissement opposé qui est venu à sa rencontre.

Au cours de cette déduplication, la zone connective s'est élargie, les valves se sont écartés, et la capacité du frustule s'est accrue. Par le fait de l'extension qui vient de se produire, les connectifs se sont presque désemboîtés; ils ne tarderont pas à se séparer définitivement. A ce moment, l'on peut observer au sein de l'utricule primordial, deux nouveaux utricules ayant chacun leur nucléus et leur nucléolus. La sécrétion siliceuse commence, le test devient plus consistant, la forme et les dessins s'accentuent, et les jeunes frustules sont bientôt recouverts d'ornements semblables à ceux des valves extérieures.

Sous les valves anciennes et la bande connective qui va se séparer de la carapace, et, par ce fait, libérer les nouvelles cellules, nous voyons réunis deux jeunes frustules, formés aux dépens de l'ancien, n'ayant pas encore de connectif, mais possédant chacun leurs valves, leur endochrome, leur nucléus, et ornés des détails caractéristiques de l'espèce.

Par suite de cette déduplication, plusieurs fois répétée,

les nouvelles valves étant de moindre dimension que les valves primitives et les individus issus de ces subdivisions binaires devenant de plus en plus petits, la taille des Diatomées nè tarderait pas à atteindre des proportions atomistiques, si une cause encore inconnue, provoquée, peut-être, par l'abaissement de la température hivernale ou par l'épuisement de la substance prolifique, ne venait mettre arrêt, après un certain nombre déterminé de subdivisions, à cet amoindrissement progressif.

C'est sans doute à la diminution de taille, aux légères variations de forme, ou bien au manque d'intensité des dessins qui commencent à orner le jeune frustule, qu'il faut attribuer l'erreur commise par certains auteurs trop enclins à créer des espèces nouvelles là où réellement il n'existe que des variétés.

Dans une étude faite sur le *(Gaillonella) Melosira Arenaria Moore*, M. Otto Müller explique de quelle manière la décroissance de grandeur se produit, à quel degré s'arrête la diminution de taille et quelle cause vient retarder la reproduction et empêcher l'amoindrissement trop rapide de la plante.

Ne pouvant analyser ici ce travail, qui mérite d'attirer l'attention, nous renvoyons le lecteur au résumé très net que M. H. Van Heurck en a donné dans sa Synopsis des Diatomées de Belgique.

Ce qui précède suffit pour montrer que la Diatomée atteint un maximum et un minimum de taille qui n'est jamais franchi.

Mais par quel phénomène le frustule dégénéré parvient-il à reconquérir la faculté prolifique et la dimension primitive qui lui permet de recommencer un nouveau cycle d'évolution décroissante ?

Voilà ce que plusieurs micrographes ont vainement essayé d'expliquer ; jusqu'ici « Le naturaliste qui suivrait avec soin, pendant son cycle vital tout entier, une seule Diatomée — même la plus commune — rendrait probablement un plus grand service à la science que s'il avait décrit et figuré des centaines de frustules siliceux des quatre parties du monde », disait M. J. Deby, il y a une dizaine d'années environ.

Cet appel fut entendu, mais, soit que les expériences aient porté sur un trop petit nombre d'espèces différentes (une soixantaine à peine), soit qu'elles n'aient pas été faites avec toute la rigueur voulue, ou pour toute autre cause elles n'ont pas encore fourni des résultats concluants de nature à éclairer cette question si obscure de la physiologie des Diatomées.

*
* *

Cinq modes différents de reproduction sont généralement reconnus.

MM. Carter, Luders, W. Smith, Thewaites, prenant pour base de leurs théories « *la conjugaison* », admettent, forcément, la reproduction par génération sexuée.

La conjugaison, impliquant en elle-même la copulation, laisse supposer l'existence d'organes mâles et femelles entrant en coalescence et, à un moment donné, procréant un individu de même espèce, semblable à ses parents. Or, les recherches faites jusqu'à ce jour nous apprennent que les micrographes n'ont pu encore parvenir à distinguer aucun organe sexuel parmi les nombreuses Diatomées soumises à l'analyse.

Il est vrai que l'époque exacte de la reproduction est encore inconnue et que le hasard seul peut fournir au micrographe les matériaux d'étude propres à élucider cette question si controversée de la production des fausses spores. Ce fut M. le Dr Pfitzer qui, en 1871, donna le nom d'Auxospore aux fausses spores dont le volume, déjà plus considérable que celui des spores ordinaires, est susceptible d'un grand accroissement.

En 1877, au mois de février, M. Paul Petit eut la bonne fortune de récolter une énorme quantité de *Cocconema Cistula* en cours de reproduction. Ces Diatomées qu'il est si rare de rencontrer en état de production d'auxospores, furent soumises à des observations spéciales par ce savant diatomiste, qui put suivre les différentes phases du développement et vit s'accomplir sous ses yeux le phénomène si peu connu de la formation des auxospores.

Le manque de place m'oblige de ne donner qu'un résumé très succinct de ce remarquable travail[1].

La figure 1[2] représente un frustule de *Cocconema Cistula* dans l'état où on le rencontre ordinairement. Au moment de la production des auxospores, les frustules se réunissent deux à deux; une abondante sécrétion de matière gélatineuse se produit et les entoure bientôt complètement.

La figure 2 montre les frustules rassemblés et enveloppés de ce mucus gélatineux qui a pris la forme ovoïde. Le plasma, entassé au centre des frustules, se dilate fortement et les oblige à se disjoindre. « Les masses plasmiques sortent alors des frustules par les côtés les moins cintrés qui se sont ouverts, et viennent se placer l'un contre l'autre et parallèlement aux valves des deux frustules vides, *sans qu'il y ait jamais fusion entre les deux masses.* »

Les deux masses plasmiques constituent les auxospores; elles renferment les noyaux; elles sont nues et ont une teinte brun foncé dans toute leur étendue. Le volume des auxospores s'accroît rapidement, surtout dans le sens de la longueur, et il atteint en peu de temps le double de la longueur des cellules mères.

Dès que l'accroissement a pris fin, on voit apparaître une membrane sur les auxospores; le plasma coloré se retire légèrement des extrémités, et, bientôt après, ce

1. L'étude de M. Paul Petit, *sur le développement des auxospores chez les Cocconema Cistula*, a été publiée dans le *Bulletin de la Société botanique de France*, t. XXXII, juin 1885.

2. La planche qui contient ces figures n'a pu être reproduite ici. (V. le numéro du *Bulletin de la Société botanique* déjà cité.)

dernier prend la forme caractéristique du chromatophore des Cymbellées. Aussitôt que le plasma coloré a acquis sa forme définitive, on voit les auxospores, d'abord subcylindriques et droites, s'arquer plus ou moins fortement. En même temps, les extrémités s'atténuent, et la membrane ne tarde pas à se plisser vers les deux points du frustule, tout en restant lisse au centre, et l'on voit alors apparaître les premières traces de la ligne médiane. A ce moment, l'enveloppe du jeune frustule est plus fortement marquée; c'est le commencement de la silification, c'est-à-dire du dépôt de la silice dans la cellulose de la membrane primitive. »

Ici s'arrêtent, faute de matériaux d'étude, les remarquables observations de M. Paul Petit. Les sujets que l'on cultive se détériorent et perdent promptement les qualités qui les avaient fait rechercher.

Arrivé à ce degré de développement, le frustule ne tarde pas à se débarrasser du mucus gélatineux qui l'entoure; devenu libre, il se subdivise de nouveau, continue son cycle d'évolution décroissante et finalement atteint le minimum de grandeur du frustule primitif qui avait produit l'auxospore.

Des phénomènes similaires, précédemment observés par M. le Dr Schmitz, et des observations nouvelles faites, en 1880, sur des *Navicula crassinervia*, amenèrent M. Paul Petit, à conclure que : *les auxospores des Cymbellées* (ainsi que celle des Naviculées, sans doute) *ne sont pas le résultat d'une conjugaison ou fusion de gamètes, quoiqu'elles en aient l'apparence; elles sont dues à un simple rajeunissement de la cellule.*

Les figures dessinées sur des Cocconema et des Navicula vivants par M. Paul Petit, avec le soin et la parfaite exactitude qui caractérise les travaux de ce naturaliste, montrent, sans conteste, l'absence de conjugaison chez les Cymbellées. Pour les autres genres, cette partie de la physiologie des Diatomées demande à être éclaircie; le terrain est à peine défriché, il reste encore beaucoup à récolter. Les hommes compétents qui dirigeront leurs recherches vers ce but et feront connaître le résultat de leurs observations rendront un grand service aux diatomistes et à la science.

Indications bibliographiques et géographiques.

Quelques travaux spéciaux, épars dans des publications locales, composent la littérature diatomique des Pyrénées.

La première liste de ces infiniment petits a vraisemblablement été donnée par le Révérend William Smith, qui paraît avoir limité ses recherches entre Gavarni et Bayonne.

M. J.-Léon Soubeiran signala les espèces qu'il rencontra en étudiant la matière organisée des eaux sulfureuses d'Olette (Pyrénées-Orientales), Amélie-les-Bains, etc.

M. E. Guinard, dans la *Revue des sciences de Montpellier*, étudia les Diatomées de cette contrée. Il fournit quelques renseignements pratiques sur la récolte de ces algues microscopiques et s'intéressa particulièrement à certaines formes anormales et teratologiques.

La Société d'histoire naturelle de Toulouse a publié dans ses annales un intéressant *Catalogue des Diatomées récoltées aux environs de cette ville,* par M. Joseph Comère; un Mémoire de M. Rataboul, de Moissac, concernant les différentes manières de recueillir et de préparer ces plantules, et un travail général sur *Les Diatomées du Midi de la France,* par M. H. Peragallo[1], alors vice-président de cette association scientifique.

Enfin, M. Paul Petit, appelé à Bayonne en 1880 par la session extraordinaire de la Société botanique de

1. Précédemment, cette Revue avait donné une étude fort instructive du même auteur sur *l'ouverture des objectifs microscopiques et les moyens de la mesurer.*

France, dressa la liste des Diatomées récoltées à la Rhune.

Voilà, à ma connaissance[1], tout ce qui a été publié jusqu'ici.

Le nombre des documents imprimés et écrits sur ce sujet est donc fort restreint; aussi m'a-t-il été impossible de consulter aucun ouvrage spécial relatif à la partie centrale du massif pyrénéen.

Livré dès le début à mes propres ressources, éloigné des régions que j'avais pris à tâche d'explorer, je n'aurais probablement pas songé à publier ce travail, si notre bienveillant président, M. Julien Sacaze, ne m'eût pas invité à le présenter à la Société des études de Comminges, dont le domaine comprend toute la région des Pyrénées centrales.

Sans prétendre avoir dressé une flore complète des Diatomées pyrénéennes, ce catalogue, produit de nombreuses et consciencieuses recherches que je m'efforce de compléter chaque année par de nouvelles observations, me semble devoir contenir la presque totalité des espèces d'eau douce vivant au centre de la chaîne et dans les plaines voisines, au nord des Pyrénées.

Les déterminations ont été faites avec le plus grand soin, à l'aide de la *Synopsis* de M. le Dr Henri Van Heurck; de l'ouvrage de M. J. Brun sur les *Diatomées des Alpes et du Jura*, et des travaux de M. Paul Petit et du Révérend W. Smith.

De nombreux types, préparés par MM. J.-D. Moller, Paul Petit, Dr H. Van Heurck, Dr J. Pelletan, J. Tempère, J. Comère, Rataboul, H. Dalton, etc., m'ont également servi de termes de comparaison pour contrôler mes déterminations.

Afin d'éliminer, autant que possible, les causes d'erreur personnelle, j'ai récolté moi-même, dans les condi-

1. Je recevrai avec gratitude les renseignements bibliographiques que l'on voudra bien me communiquer en vue d'un travail ultérieur.

tionsparticulières et les lieux de provenance que j'indique, les espèces dont le nom n'est suivi d'aucune mention spéciale. Quant à celles communiquées par M. A. Certes, qui a bien voulu mettre à ma disposition une partie des récoltes faites par lui au lac d'Oô, en vue des études micro-organiques qu'il poursuit avec tant de succès; M. Eugène Trutat (1), conservateur du Muséum d'histoire naturelle, et M. Charles Fabre, professeur à la Faculté des sciences de Toulouse, ou par notre vaillant collègue, M. Maurice Gourdon, qui m'a envoyé plusieurs récoltes intéressantes et m'a quelquefois accompagné dans mes courses en montagne ; de même que M. le docteur Edouard Audiguier (de Toulouse), aux environs de Muret, le nom des collecteurs a toujours été soigneusement indiqué.

Il en est de même pour les espèces mentionnées dans les catalogues de MM. W. Smith, H. Peragallo et J. Comère, que je n'ai pas trouvées dans mes récoltes.

M. Julien Sacaze, auquel je suis heureux de pouvoir adresser tous mes remerciements, a été souvent mon compagnon d'excursion et n'a pas craint d'affronter les rigueurs de la température très élevée que l'on subit forcément dans les galeries souterraines de l'établissement thermal de Bagnères-de-Luchon (2) pour venir avec moi et m'aider à recueillir la barégine et la sulfuraire aux griffons mêmes des sources thermales. Le père de notre président, M. Pierre Sacaze, mon excellent confrère de la Société des études, a bien voulu m'accompagner aussi dans quelques-unes de mes excursions, et nous avons fait ensemble d'abondantes récoltes de Diatomées.

(1) Les travaux antérieurs de ce savant naturaliste nous donnent lieu d'espérer que la deuxième partie du *Traité du microscope,* que M. E. Trutat prépare en ce moment, contiendra des renseignements intéressants sur les Diatomées pyrénéennes. (Le 1er volume a paru en 1883, chez M. Gauthier-Villars, éditeur à Paris).

(2) Quelques heures avant notre visite, M. François Burgalat, gardien des Sources, qui a été très obligeant, avait pris soin d'aérer les galeries.

Enfin, je tiens à clore cette liste en remerciant cordialement celui dont les travaux hydrologiques et géologiques ont rendu tant de services aux stations thermales pyrénéennes, M. le docteur F. Garrigou, qui, avec une parfaite bonne grâce, a mis ses instruments, son laboratoire et ses connaissances spéciales à ma disposition toutes les fois que j'ai séjourné à Luchon.

*
* *

Avant de commencer l'énumération des Diatomées de Luchon et des Pyrénées centrales, il me paraît utile de faire connaître les principales localités qui m'ont fourni les meilleures récoltes.

Les environs immédiats de Luchon sont très riches, et, dans la ville, certains petits canaux d'alimentation des moulins et des usines renferment de bonnes espèces.

A la marbrerie de M. Pestel, sur les planches humides formant le conduit en bois qui sert de canal de fuite, à Barcugnas, j'ai récolté la *Cymbella turgida* presque pure.

Au sortir de la ville, en allant vers le nord, entre Juzet et Salles, se trouve une localité lacustre des plus intéressantes. Il faut fouiller avec soin ces prairies marécageuses parsemées çà et là de terre-pleins émergents des végétations aquatiques ou de flaques d'eau limoneuse.

Des ruisseaux d'une limpidité toute pyrénéenne, dont les bords disparaissent sous une épaisse couche de plantes filamenteuses, les sillonnent en tout sens; recueillez ce chevelu flottant, qui ondoie au gré du courant et des vents, vous y trouverez d'innombrables quantités de *Gonphonema intricatum*, *Navicula lanceolata*, *Meridion circulare* (*fig.* 4), de magnifiques *Surirella*, de longs rubans de *Fragilaria Harrissonii*. Les grandes *Navicula. viridis*, *Navicula nobilis* (*fig.* 6) sont surtout abondantes

Enlevez doucement la surface des plaques brunâtres qui recouvrent le fond des petites mares, vous y récolterez quelque spécimen de *Navicula amphisbœna, Navicula radiosa, Navicula elliptica* (*fig.* 18), *Gomphonema cristatum, Synedra ulna (fig.* 13), *Himantidium Diadema,* (*fig.* 7), *Fragilaria construens, Fragilaria capucina*, et une grande quantité d'autres espèces mélangées aux précédentes.

L'écume glaireuse et mordorée flottant sur les eaux stagnantes fournira des spécimens de *Gomphonema vibrio, Pleurosigma acuminatum*, beaucoup de *Nitzschia thermalis,* et quelques *Amphora ovalis,* (*fig* 9).

Les ruisseaux d'eau vive qui cotoient la ligne du chemin de fer, près de Moustajon, contiennent de belles Diatomées, ainsi que les cascades de Salles et Juzet.

En somme, malgré la rareté de certaines espèces telles que, *Navicula binodis, Navicula cuspidata, Tabellaria floculosa (fig.* 8), ou *Stauroneis legumen* (*fig.* 10) dont je n'ai trouvé que deux exemplaires dans mes récoltes, cette localité est une des plus fertiles et des plus riches; elle a mis en ma possession plus de cent espèces ou variétés différentes.

Au sud de Luchon, les ruisseaux d'arrosage de Saint-Mamet, les petites flaques d'eau stagnante qui se trouvent au bas des immenses poli-glacières dominant le petit mamelon granitique où l'on voit une statue de la Vierge, m'ont fourni des espèces délicates et une abondante moisson de magnifiques *Surirella splendida,* presque exempte de tout mélange. L'on y rencontre également la *Surirella biseriata* (*fig.* 21), *Cymatopleura Solea* et sa variété *Cymapleura apiculata* (*fig.* 20).

Les cascades, les rochers moussus et humides du val de Burbe, de la vallée de Lis et de l'Hospice; les fontaines, les torrents, les eaux vives de la vallée d'Aure, de Larboust et d'Oueil, de même que les lacs d'Oô, d'Espingo, Saoussat et des Gourgouttes, et, surtout, la source sulfureuse et ferrugineuse de Lis[1], m'ont donné des

1. Cette source sulfureuse et ferrugineuse a été découverte, en 1874,

récoltes fructueuses dont le détail se trouve au Catalogue.

Luchon a été le pays principal de mes explorations. J'ai parcouru cette magnifique contrée en tous sens, et les glaciers couronnant les hauts reliefs montagneux dont elle est entourée m'ont permis de recueillir plusieurs espèces rares sous notre latitude.

Les Névés et les neiges fondantes des hautes régions d'Oô, Carbiéoues, Maladetta, etc., réservent plus d'une surprise agréable au diatomiste assez intrépide pour affronter ces contrées inhospitalières.

C'est « au nord-est de la Tusse de Maupas, à la sortie des neiges, au bord d'un ruisseau dont la musique aurait charmé Mozart », comme le dit poétiquement un de mes plus distingués collègues de la Société des études du Comminges, M. le comte Henri Russell, que j'ai fait la plus abondante récolte de GAILLONELLA[1] *arenaria* (fig. 12). L'eau glacée qui vient sourdre au bas des moraines frontales m'a fourni de belles espèces de *Gomphonema geminatum, Gomphone glaciale, Diatoma mesodon, Gaillonella orichalcea,* etc.

Avant d'abandonner les hautes altitudes, faisons une ample moisson de *Odontidium hyemale* (fig. 19.), nous n'en trouverions point dans la plaine ; puis, en descendant vers la région sous-pyrénéenne, n'oublions pas de visiter le lac d'Estagnau, entre Marignac et Saint-Béat.

par M. Julien Sacaze dans une de ses promenades à travers bois, au-dessus de la vallée de Lis, au lieu dit *La Soulan de Saint-Aventin.*

1. Je substitue intentionnellement le nom de *Gaillonella*, créé en l'honneur de Gaillon, naturaliste français, par le colonel Bory de Saint-Vincent (1823), à celui de Melosira, donné plus tard aux mêmes espèces par Agardh (Systema Algarum) (1824.) Ehrenberg conserva le nom de Gaillonella dans tous ses ouvrages, ainsi que Bailey. En 1838, M. de Brébisson réclama la priorité pour le nom de Gaillonella ; nous la réclamons aussi et disons, avec M. P. Petit : « Quoi qu'il arrive par la suite, nous sommes décidé à conserver ce nom qui honore la mémoire d'un de nos compatriotes et qui a été donné par un Français, Bory de Saint-Vincent. »

Cette localité, très riche selon les saisons, fournira : *Cocconeis Pediculus*, *Cocconeis Placentula*, *Achnanthidium microcephalum*, quelques rares exemplaires d'*Himantidium Soleirolii*, *Campylodiscus noricus*, *Cymatopleura solea*, *Epithemia turgida* (fig. 5.)

Si le temps nous presse, négligeons le petit lac et les sources thermales de Barbazan, qui cependant ne manquent pas d'intérêt, pour aller directement au plateau de Lannemezan, où nous fouillerons avec soin les ruisselets d'eau vive qui serpentent de tous côtés.

La plaine de Saint-Gaudens et le canal d'irrigation de Saint-Martory méritent d'être explorés avec une attention toute particulière; nous y rencontrerons l'*Himantidium Arcus* (fig. 2) très abondant; l'*Himantidium pectinale*, un peu moins répandu, et le *Pleurosigma Spencerii* (fig. 3), — très rare partout, — mélangé à un grand nombre d'autres espèces.

Quittons momentanément la vallée de la Garonne pour les rives du Salat, et allons aux sources de Salies récolter la *Navicula Angustata*.

En nous dirigeant vers Toulouse, ramassons çà et là, dans les fossés humides et les petits ruisseaux des environs de Carbonne, *Pleurosigma attenuatum*, *Cymatopleura apiculata*, *Mastogloia Smithii* (fig. 16), etc.

A Muret, aux bords de la Louge, sur les plantes grimpantes tapissant le mur de soutènement de la route, en face de la propriété de M. le Dr Edouard Audiguier, nous recueillerons *Stauroneis Anceps*, en compagnie de *Navicula criptocephala*, *Nitzschia Palea*, *Denticula tenuis*, *Epithemia turgida* (fig. 5).

Chemin faisant, examinons les flaques d'eau et les petites rigoles humides avoisinant Portet-Saint-Simon; elles nous donneront une jolie espèce de *Surirella*; puis, visitons les marais de Braqueville, Pech-David, Vieille-Toulouse, Pouvourville, Croix-Daurade, afin de nous procurer *Navicula mesolepta*, espèce assez rare dans notre région, *Navicula neglecta*, *Navicula ambigua*,

Navicula nobilis (fig. 6), *Cymbella affinis*, *Cocconeis Placentula*, etc.

A Toulouse, au centre même de la ville, l'on peut faire une ample moisson de *Cymbella maculata*, *Cocconema lanceolatum, Cymbella ventricosa, Gomphonema intricatum, Gom : Constrictum*, etc. Une grande quantité d'autres belles espèces se trouvent également fixées sur les *Spirogyrées* et les plantes aquatiques flottant à la surface des eaux du canal du Midi, entre le Pont-des-Demoiselles et l'Embouchure.

Dans les jardins et sur les places publiques, les vasques des fontaines sont couvertes d'une couche mucilagineuse brunâtre, adhérente aux parois et aux fonds, composée de *Navicula, Gomphonema, Diatoma, Gaillonella*. Les *Fragillaria* foisonnent dans ces eaux tranquilles.

Les bassins de radoub des chantiers Raynaud, au Pont-des-Demoiselles, sont parfois intéressants à visiter. Les portes d'écluses, les conduits en bois et les petits ruisseaux d'arrosage des ramiers du Bazacle fournissent des espèces nombreuses, variées, et quelquefois peu communes.

Les réservoirs du Jardin-des-Plantes et les flaques d'eau du Polygone d'artillerie donnent naissance à de nombreux *Gomphonema abreviatum, Gom : Olivaceum*, *Cocconis Pediculus, Coc : Placentula, Nitzchia palea*, etc.

Les eaux de la ville de Toulouse sont très riches, mais les petits cours d'eau des environs, le Touch, le Girou, l'Hers, ne m'ont donné que de maigres récoltes.

En résumé, les différentes conditions climatalogiques et la constitution géologique du massif central pyrénéen et de la région sous-pyrénéenne sont éminemment favorables à l'éclosion et à la propagation du plus grand nombre d'espèces des Diatomées d'eau douce.

Contrairement à mon attente, les contrées granitiques m'ont fourni de très belles récoltes. La région calcaire de Saint-Béat et les eaux tufeuses de la montagne de

Cap-det-Mount, des villages de Lez, Boutx, Eup, etc., ont mis en ma possession des espèces peu communes. Mais, malgré le soin tout particulier avec lequel nous avons recueilli et étudié, — M. le Dr F. Garrigou, M. Julien Sacaze et moi, — les dépôts de sulfuraire pris aux points d'émergence des sources du Pré, Bordeu, Richard, etc., et le long des caniveaux des galeries souterraines qui s'enfoncent dans les flancs de la montagne de Superbagnères; nous n'avons découvert dans ces eaux aucune Diatomée.

Ce résultat négatif, loin de nous surprendre, a confirmé nos prévisions, les Diatomées ne vivant pas sans lumière.

Néanmoins, il ne faudrait pas inférer de là que ces plantules ne trouvent point dans les eaux thermales, sulfureuses, salines ou ferrugineuses, un milieu propice à leur développement. Le Rév. W. Smith a rencontré une espèce de *Tryblionella spiralis*, var. *elliptica* et la *Synedra fontinalis*, dans les sources de Salut (Bagnères-de-Bigorre). M. J.-L. Soubeiran a trouvé une *Surirella?* qu'il a nommée *Pueli*, parmi les productions glaireuses des sources d'Olette (Pyrénées-Orientales). M. E. Trutat a rapporté des sources thermales de Salies-sur-Salat une navicule peu commune, la *Navicula angustata*, et moi-même j'ai recueilli parmi les dépôts sulfurés, dans la source de Ravi qui *coule à ciel ouvert*, des *Synedra; Cocconema*; et la *Navicula ovalis*, de W. Smith, espèce tellement semblable à la *Surirella Pueli* de M. L. Soubeiran, qu'il est permis de supposer que l'auteur les a certainement confondues. Je me propose d'étudier avec un soin tout particulier les dépôts de la source sulfureuse de Lis dont l'existence m'a été récemment signalée par M. J. Sacaze; une récolte rapidement faite dans les mousses submergées par les eaux, à l'endroit même ou naît la source, m'a fourni un grand nombre d'espèces de Diatomées.

Si la lumière exerce une action nuisible sur quelques germes microscopiques, par exemple, sur certains microbes qu'elle tue, son influence bienfaisante est indispensable à l'existence et au développement des algues minuscules qui nous occupent. C'est pourquoi les eaux sulfureuses de l'établissement thermal de Luchon, soigneusement captées à leur point d'émergence, conduites au moyen de canaux souterrains jusqu'aux différents services qui les utilisent et les déversent ensuite directement dans l'égout, n'étant point répandues au dehors et ne subissant pas l'action directe de la lumière, avant d'être mélangée à l'eau froide ordinaire, ne contiennent pas des Diatomées.

En outre, d'après mes observations personnelles, je crois pouvoir conclure : qu'il n'existe pas d'espèce de Diatomée propre aux eaux sulfureuses des Pyrénées, toutes celles que j'ai recueillies vivantes dans les eaux thermales ayant leurs congénères dans les eaux douces.

*
* *

Un grand nombre d'espèces se rencontrent à peu près partout, d'autres, au contraire, recherchent certains habitats.

Voici les noms de quelques Diatomées, peu communes dans notre région, qui semblent vivre de préférence dans la montagne ou dans la plaine. Des observations ultérieures feront subir, probablement, quelques modifications à cet essai comparatif.

ESPÈCES		RÉCOLTÉES EN MONTAGNE.	RÉCOLTÉES EN PLAINE.
Gomphonema	cristatum.	Peu abondante.	Très rare.
Gom.	geminatum.	Dans les hautes régions.	Jamais dans la plaine.
Gom.	glaciale.	Peu commune. Hautes régions.	Inconnue dans la plaine.
Gom.	angustatum.	Très rare.	Peu répandue.

ESPÈCES		RÉCOLTÉES EN MONTAGNE.	RÉCOLTÉES EN PLAINE.
Gom.	Vibrio.	Peu fréquente.	Très rare.
Epithemia	granulata.	Non récoltée.	Assez rare.
Epi.	ocellata.	Peu fréquente.	Inconnue.
Cymbella	cuspidata.	Rare.	Rare.
Cymb.	exisa.	Non récoltée.	Peu commune.
Navicula	sphærophora.	Non récoltée.	Très rare.
Nav.	amphisbæna.	Assez rare.	Non récoltée.
Nav.	affinis.	Rare.	Peu commune.
Nav.	cuspidata.	Très rare.	Peu fréquente.
Nav.	binodis.	Très rare.	Peu abondante.
Nav.	pyrenaica.	Rare.	Non récoltée.
Nav.	dicephala.	Rarissime.	Peu commune.
Nav.	inflata.	Non récoltée.	Rare.
Nav.	amphiceros.	Inconnue.	Très rare.
Nav.	acuta.	Rare.	Peu répandue.
Nav.	scita.	Rare.	Non récoltée.
Nav.	hemiptera.	Très rare.	Inconnue.
Nav.	divergens.	Rare.	Non récoltée.
Stauroneis	Cohnii.	Assez répandue.	Ces deux Diatomées semblent appartenir exclusivement à la montagne.
Sta.	var. minuta.	Assez fréquente.	
Sta.	Anceps, var. elliptica.	Non récolté.	Peu répandue.
Sta.	amphicephala	Très rare.	Rare.
Sta.	Legumen.	Je n'en ai trouvé que deux exemplaires.	Très rare.
Pleurosigma	attenuatum.	Peu fréquente.	Assez répandue.
Pleu.	acuminatum.	Rare.	Abondante.
Pleu.	lacustre.	Rarissime.	Assez rare.
Pleu.	Spencerii.	Non récoltée.	Très rare.
Nitzschia	parvula.	Très rare.	Non récoltée.
Nitz.	sigmoidea.	Rare.	Commune.
Nitz.	frustulum.	Rare.	Peu répandue.
Nitz.	Clausii.	Non récoltée.	Rare.
Nitz.	acicularis.	Commune.	Peu fréquente.
Surirella	crumena.	Rarissime.	Non récoltée.
Campylodiscus	noricus.	Rare.	Non récoltée.
Cymatopleura	elliptica.	Rare.	Très rare.
Synedra	fontinalis.	Peu commune.	Très rare.
Syn.	Acus.	Répandue.	Non récoltée.
Syn.	delicatissima.	Non récoltée.	Assez rare.
Syn.	rupens.	Non récoltée.	Peu commune.

ESPÈCES		RÉCOLTÉES EN MONTAGNE.	RÉCOLTÉES EN PLAINE.
Staurosira	construens.	Peu commune.	Pas très abondante.
Staur.	Harrissonii.	Assez fréquente.	Peu répandue.
Eunotia	gracilis.	Très rare.	Peu fréquente.
Eun.	lunaris, var. excisa (*fig.* 1)	Très rare.	Non encore récoltée.
Eun.	tridentula.	Je n'ai trouvé cette espèce qu'au lac d'Estagnau.	Très rare.
Himantidium	Arcus.	Très répandue dans la région moyenne.	Je ne l'ai jamais récoltée dans la plaine.
Him.	bidens.	Peu commune.	Non récoltée.
Him.	Soleirolii.	Assez rare.	Inconnue.
Fragilaria	construens.	Répandue dans la région moyenne.	Rare.
Frag.	var. Binodis.	Id.	Id.
Frag. Capucina	var. Constricta	Fréquente.	Assez rare.
Frag.	virescens.	Assez répandue dans les hautes régions.	Peu commune.
Frag.	var. exigua.	Récoltée par M. H. Peragallo.	Non récoltée.
Diatoma	hiemale.	Abonde dans la région des glaciers.	Inconnue.
Diat.	var. mesodon.	L'espèce et la variété vivent exclusivement dans les hautes régions pyrénéennes.	Inconnue.
Tabellaria	floculosa.	Peu abondante.	Très répandue.
Tab.	fenestra.	Moins fréquente que la précédente.	Peu commune.
Cyclotella	Kutzingiana.	Assez abondante.	Rare.
Cyc.	operculata.	Répandue.	Peu fréquente.
Gaillonella	orichalcea.	Rare dans la région élevée.	Plus fréquente dans la plaine.

*
* *

Maintenant, il me reste à dresser l'inventaire des récoltes faites dans les principales localités désignées ci-dessus, et à faire connaître, en même temps, la dispersion et l'habitat particulier de chaque espèce.

Pour ce catalogue, j'ai suivi la classification de M. Paul Petit (1), adoptée, depuis longtemps déjà, par MM. Clève, Leduger-Formorel, H. Peragallo, etc.

M. Paul Petit base son système sur « les deux états distincts de l'endochrome », la disposition du plasma et le rapport constant qui existe entre la carapace siliceuse et l'endochrome,

Il divise, comme M. Pfitzer (*Untersuchungen über Bau und Entwicklung der Diatomaceen.* — Bonn 1871.), la famille des Diatomées en deux sous-familles :

1re sous-famille. Endochrome lamelleux : *Placochromaticées.*

2e sous-famille. Endochrome granuleux : *Coccochromaticées.*

Ces deux sous-familles sont subdivisées à leur tour en seize tribus, dans lesquelles les différents genres viennent s'intercaler selon le degré d'affinité qui les unit entre eux. Le tableau ci-contre fera comprendre ces subdivisions.

1. *Bull. de la Soc. botanique de France*, 1874.

CLEF DU SYSTÈME DE CLASSIFICATION

De M. Paul PETIT

						TRIBUS
DIATOMÉES	Endochrome lamelleux : PLACOCHROMATICÉES. (première sous-famille.)	Endochrome ne recouvrant intérieurement qu'une seule valve				I. ACHNANTHÉES.
		Une ou deux lames d'endochrome reposant par le milieu sur les zones.	Endochrome ne présentant jamais une ouverture elliptique centrale.	Une seule lame d'endochrome.	Valves cunéiformes	II. GOMPHONÉMÉES.
					Valves cymbiformes ou cintrées.	III. CYMBELLÉES.
				Deux lames d'endochrome.	Valves sans carènes	IV. NAVICULÉES.
					Valves munies de carènes	V. AMPHIPRORÉES.
			Une ouverture elliptique centrale dans l'endochrome, qui quelquefois est complètement interrompu			VI. NITZSCHIÉES.
		Deux lames d'endochrome reposant par le milieu sur les valves.	Valves ailées			VII. SURIRELLÉES.
			Valves non ailées.	Endochrome sur les bords ou divisé en lanières.		VIII. SYNEDRÉES.
				Endochrome divisé en deux sur la zone par un sillon profond		IX. EUNOTIÉES.
	Endochrome granuleux : COCCOCHROMATICÉES. (deuxième sous-famille)	Frustules jamais ellipsoïdes ni réunis en filaments cylindriques.	Endochrome épars à la surface interne des frustules.	Frustules sans diaphragmes.	Valves jamais cunéiformes	X. FRAGILARIÉES.
					Valves cunéiformes	XI. MÉRIDIÉES.
				Frustules munis de diaphragmes.	Valves cunéiformes	XII. LICMOPHORÉES.
					Valves jamais cunéiformes	XIII. TABELLARIÉES (*pro parte.*)
			Endochrome rayonnant autour d'un point central.	Frustules munis de nombreux diaphragmes		XIII. TABELLARIÉES (*pro parte*)
				Frustules sans diaphragmes.	Valves irrégulières ou régulières non discoïdes	XIV. BIDULPHIÉES.
					Valves discoïdes	XV. COCINODISCÉES.
		Frus les ellipsoïdes ou réunis en filaments cylindriques plus ou moins allongés				XVI. GAILLONELLÉES.

J'aurai l'occasion de parler plus longuement de cette excellente méthode dans une étude sur la classification, dont je m'occupe actuellement; en attendant, désirant continuer ce travail et l'étendre aux régions voisines, je serai reconnaissant envers les diatomophiles qui voudront bien récolter et m'adresser avec indication de *date, lieu et habitat*, des Diatomées fossiles ou vivant actuellement dans leur contrée. Cela me permettra, je l'espère, de compléter la flore des Diatomées des Pyrénées centrales et de publier prochainement, dans la *Revue de Comminges*, une liste complémentaire, accompagnée de quelques notions pratiques pour l'étude au microscope, la récolte, la préparation, le dessin et la photographie des Diatomées.

CATALOGUE

DIATOMÉES

Sous-famille I. — PLACOCHROMATICÉES.

1re Tribu. — ACHNANTHÉES.

GENRE I. — COCCONEIS. EHRENBERG. 1835.

Cocconeis pediculus, Ehr. — Sur les plantes flottantes. Prairies marécageuses de Juzet-de-Luchon, lac d'Estagnau. Commune dans la plaine.

Coc. Placentula, Ehr. — Mêmes localités. Abondante.

GENRE II. — ACHNANTHIDIUM. KÜTZING. 1844.

Achnanthidium microcephalum, Ktz. — Lac d'Estagnau. Barbazan.

Ach. lanceolatum, Bréb. — On la rencontre partout.

Ach. delicatulum, Ktz. — Commune dans la plaine et les basses vallées. (M. Ch. Fabre l'a récoltée au Pic du Midi.)

Ach. flexellum, Ktz. — Torrent de la Frèche, la Pique, la Neste, la Garonne. Lac d'Oô. Abondante à Luchon.

GENRE III. — ACHNANTHES. BORY. 1822.

Achnanthes exilis, Ktz. — Eaux vives de la plaine et des hautes vallées. Lac d'Oô. (Récolte de M. A. Certes.)

Ach. minutissima, Ktz. — Mélangée à l'espèce ci-dessus. (Limon recueilli en face de la tour de Castelbiel par M. Maurice Gourdon.)

2e Tribu. — GOMPHONEMÉES.

Genre IV. — **RHOICOSPHENIA**. Grunow. 1860.

Rhoicosphenia curvata, Ktz. (Grü.) — Canal de Saint-Martory. Commune à Toulouse dans le canal du Midi.

Genre V. — **GOMPHONEMA**. Agardh. 1824.

Gomphonema olivaceum (Lyng.), Ktz. — Saint-Martory, cailloux de la Garonne. Commune dans la Louge, Muret. (Récoltée avec M. le Dr E. Audiguier.)

Gom. intricatum, Ehr. — Abondante sur les rochers et les plantes humides des cascades de Lis. Val de Burbe. Juzet.

Gom. constrictum, Ehr. — Très abondante.

Gom. capitatum, Ehr. — Lac d'Estagnau. Très fréquente dans la plaine, entre Saint-Gaudens et Toulouse.

Gom. cristatum, Ralfs. — Peu répandue dans la plaine.

Gom. acuminatum, Ehr. — Fontaine de Caraouet, à Luchon.

Gom. commune, Rab. — (*G. angustatum*, Kütz.) Muret ; Toulouse, Jardin-des-Plantes.

Gom. geminatum, Ag. — Lac d'Espingo. Lac Bleu. Je ne l'ai rencontrée que dans les régions hautes.

Gom. glaciale, Ktz. — Petite espèce récoltée dans les eaux des glaciers du clot des Piches.

Gom. vulgare, Ktz. — Juzet, Montauban. Dans la plaine.

Gom. vibrio, Ehr. — Ruisseaux du val de Burbe, vallée de l'Hospice. Juzet.

Gom. dichotomum, Ktz. — Abondante sur les plantes aquatiques de Juzet ; étang de Barbazan ; dans la plaine.

Gom. tenellum, Ktz. — Ruisseau d'eau vive, près du village de Moustajon ; Montréjeau.

3e Tribu. — CYMBELLÉES.

Genre VI. — **AMPHORA**. Ehr. 1831.

Amphora ovalis, Ktz. — Eaux marécageuses et stagnantes.

Amp. affinis, Ktz. — Sur les plantes aquatiques. Peu abondante.

Amp. *minutissima*, W. Sm. — Petite espèce que l'on rencontre souvent fixée sur les frustules des *Nitzchiées*.

GENRE VII. — EPITHEMIA. BRÉB. 1838.

Epithemia turgida, Ehr. — Abondante à Juzet et dans la plaine.

Epi. *granulata*, Ehr. — Rare.

Epi. *sorex*, Ktz. — Lac d'Oò. Juzet. Garonne. Eaux vives.

Epi. *gibba* (Ehr.), Ktz. — Fontaine de Caraouet, où je l'ai récoltée presque pure. Sur les plantes humides des montagnes et de la plaine.

Epi. var. *a. parallela*, Grün. — Mélangée au type. Commune sur les plantes aquatiques des lacs et des eaux stagnantes des montagnes.

Epi. var. *b. ventricosa*, Ktz. — Saint-Mamet ; fontaine de Caraouet. Très abondante au lac d'Estagnau.

Epi. *Zebra*, Ehr. — Fontaine de Caraouet, presque pure sur les *Sphagnum*. Saint-Mamet. Canal de Saint-Martory. Toulouse.

Epi. *Argus*, Ehr. — Fréquente dans la plaine. Saint-Gaudens. Lannemezan, Barbazan.

Epi. *ocellata*, Ehr. — Lac d'Estagnau (Marignac). Peu fréquente.

GENRE VIII. — ENCYONEMA. KTZ. 1834.

Encyonema prostratum (Berk.), Ralfs. — Juzet, quelques espèces mêlées à d'autres *Cymbellées*.

Enc. *cæspitosum*, Ktz. — Lac d'Oò (M. Certes). Juzet ; lac d'Estagnau ; Muret. Commune.

Enc. *Auerswaldii*, Rab. — Toulouse. (M. H. Peragallo.)

GENRE IX. — COCCONEMA. EHR. 1829.

Cocconema lanceolatum, Ehr. — On la rencontre un peu partout ; elle est particulièrement abondante dans les eaux limoneuses et ferrugineuses de Juzet. — Je l'ai récoltée, en compagnie de M. Pierre Sacaze, à la fontaine ferrugineuse de Castel-Biel.

Coc. *asperum*, Ehr. — Mêlée à l'espèce précédente. Mêmes localités.

Coc. *cymbiformis*, Bré. — Eaux stagnantes de la région basse des montagnes. Source sulfureuse de la fontaine de Ravi. Source sulfureuse et ferrugineuse de Lis.
Coc. *cistula*, Hemp. — Mêlée aux *cymbiformis*.
Coc. *tumidum*, Bréb. — Toulouse. (M. H. Peragallo.)
Coc. *parvum*, W. Sm. — Juzet, Garonne, Toulouse.

Genre X. — **CYMBELLA**. Ag. 1830.

Cymbella amphicephala, Naeg. — La Neste, vallée d'Aure. La Pique, val de Burbe, vallée de Louron.
Cym. *ventricosa*, Ag. — Très abondante à Luchon. — Canal de Saint-Martory, la Garonne, canal du Midi.
Cym. *helvetica*, W. Sm. — Vallée de Lis, vallée d'Oô, Lac des Gourgouttes, cirque de Carbiéoues[1], Espingo.
Cym. *gastroïdes*, Ktz. — Cette espèce a beaucoup de ressemblance avec, *Cocconema cymbiforma, Cymbella lanceolatum*.
Cym. *turgida*, Grég. — Très abondante en montagne. Luchon, conduite d'eau en bois, marbrerie de Barcugnas.
Cym. *turgidula*, Grün. — Dans la plaine.
Cym. *exisa*, Ktz. — Toulouse. (M. H. Peragallo.)
Cym. *maculata*, Ktz. — Saint-Mamet. Juzet. Canal de Saint-Martory. Toulouse, ramier du Bazacle.
Cym. *gracilis*, Ehr. — Fontaine de la forêt de Charuga. Commune dans la vallée d'Aure, Luchon, Saint-Béat, Bagnères-de-Bigorre.
Cym. var. *levis*, Naeg. — Lac d'Oô. Juzet.
Cym. *Pediculus*, Ktz. — Particulièrement abondante à Luchon. Toulouse, canal du Midi.
Cym. *microcephala*, Grün. — Environs de Toulouse.
Cym. *cuspidata*, Ktz. — Peu fréquente en montagne.
Cym. *Ehrenbergii*, Ktz. — Fréquente dans la plaine et les eaux marécageuses des montagnes.

4e Tribu. — NAVICULÉES.

Genre XI. — **NAVICULA**. Bory. 1822.

Navicula sphærophora, Ktz. — Boussens, Saint-Martory. Assez rare.
Nav. *amphisbæna*, Bory. — Juzet. Lac d'Estagnau. Peu commune.

1. Ainsi que l'a démontré M. Julien Sacaze, « il faut dire *Carbiéoues*, comme le font les gens du pays, et non *Crabioules*, comme l'ont imaginé des étrangers. »

Nav.	*affinis*, Ehr.	— Garonne, Muret (Dr E. Audiguier), Portet, Toulouse.
Nav.	*amphirhynchus*, Ehr.	— Lac d'Oô. Canal de Saint-Martory. Toulouse.
Nav.	*producta*, W. Sm.	— Mêlée aux deux espèces précédentes.
Nav.	*binodis*, W. Sm.	— Saint-Simon. Gers. Toulouse.
Nav.	*appendiculata*, Ktz.	— Petite espèce, sur les plantes flottantes des eaux dormantes.
Nav.	*firma*, Grün.	— Cascade Sidonie; Juzet; vallée de Lis, source sulfureuse.
Nav.	*limosa*, Ktz.	— Juzet, Barbazan. Assez fréquente.
Nav.	var. *gibberula*, Ktz.	— Mélangée au type.
Nav.	var. *inflata*, Grün.	— Dans les eaux de la plaine.
Nav.	*amphigomphus*, Ehr.	— Mélangée à d'autres Diatomées, au fond d'une mare, Juzet.
Nav.	*cuspidata*, Ktz.	— M. J. Comère l'a récoltée à Carbonne.
Nav.	*ambigua*, Ehr.	— Lac d'Oô, Juzet, Toulouse.
Nav.	*romboides*, Ehr.	— La Neste, le Lis, la Garonne.
Nav.	*serians*, Bréb.	— Juzet. Peu abondante.
Nav.	*crassinervis*, Bréb.	— Eau sulfureuse du Pont-de-Ravi. Source sulfureuse et ferrugineuse de Lis. Dans la plaine.
Nav.	*vulgaris*, Heib.	— Lacs et eaux vives de la montagne. Quelques exemplaires dans la sulfuraire du Pont-de-Ravi.
Nav.	*bacillum*, Ehr.	— Cirque de Carbiéoues; Luchon; Saint-Mamet. Commune dans la plaine et la montagne.
Nav.	*exilis*, Ktz.	— Assez fréquente sur les plantes aquatiques, vallée de Larboust; Garin; Juzet.
Nav.	*Pyrenaica*, W. Sm.	— La Neste d'Aure.
Nav.	*pelliculosa*, Grün.	— Commune dans la montagne et dans la plaine, sur les mousses humides. Fontaine ferrugineuse de Castel-Biel. — Saint-Martory. Canal du Midi, Toulouse.
Nav.	*mutica*, Ktz.	— Cascades et eaux vives de la montagne. Commune dans la plaine.
Nav.	*oblongella*.	Toulouse (d'après M. Peragallo).
Nav.	*minuscula*.	Toulouse (d'après M. Peragallo).
Nav.	*seminulum*.	Toulouse (d'après M. Peragallo).
Nav.	*atomus*.	Toulouse (d'après M. Peragallo).
Nav.	*dicephala*, Ehr.	— Toulouse.
Nav.	*inflata*, Ktz.	— Dans la plaine. Rare.
Nav.	*rhynchocephala*, Ktz.	— Quelques exemplaires dans les fossés des environs de Toulouse, Muret. Ramier du Bazacle, Braqueville, Croix-Daurade.

Nav. *amphiceros*, Ktz. — Toulouse. (H. Peragallo.)

Nav. *Heufleri*, Grün. — Forêt de Cheruga, mousses, rochers humides, fontaine de la route forestière.

Nav. *viridula*, Ktz. — Juzet, ruisseau d'eau vive près Moustajon. Assez répandue.

Nav. *cryptocephala*, Ktz. — Petite espèce, commune dans toutes les eaux. (Récolte de M. M. Gourdon.)

Nav. *angustata*, W. Sm. — Moins abondante que la précédente. (Récoltée par M. E. Trutat, à Salies-du-Salat.)

Nav. *acuta*, Ktz. — Dans la plaine.

Nav. *lanceolata*, Ktz. — Lac d'Oô, la Pique, la Neste. Eau courante. Juzet.

Nav. *gracilis*, Ehr. — Cirque de Gavarnie. Régions glacées d'Oô et de Carbióoues ; assez rare.

Nav. *radiosa*, Ktz. — Très commune, on la rencontre partout.

Nav. var. *tenella*, Bréb. — Mélangée au type.

Nav. *neglecta*, Bréb. — Eaux vives des montagnes et de la plaine.

Nav. *oblonga*, Ktz. — Peu abondante dans la haute montagne. Commune dans la plaine et les eaux du canal du Midi.

Nav. *elliptica* (fig. 18), Ktz. — On la rencontre mélangée à d'autres Diatomées. Eau sulfureuse du Pont-de-Ravi. Eau sulfureuse et ferrugineuse de Lis. Fontaine ferrugineuse de Castel-Biel.

Nav. *sciata*, W. Sm. — Lac d'Espingo. Le Rév. W. Smith la récoltée au lac de Gaube.

Nav. *mesolepta*, Ehr. — Juzet. Braqueville. Toulouse, ramier du Bazacle. Peu commune.

Nav. *nobilis*, Ehr. — Très fréquente dans les eaux marécageuses de la plaine et des vallées inférieures.

Nav. *major*, Ktz. — Mêlée à l'espèce précédente.

Nav. *gibba*, Ehr. — Eaux limoneuses et ferrugineuses des marais de Juzet. Eaux stagnantes de la plaine ; marais de Croix-Daurade.

Nav. *tabellaria*, Ehr. — Recueillie en abondance et presque pure dans une flaque d'eau à Saint-Mamet. Peu fréquente dans la plaine.

Nav. *borealis*, Ktz. — Vallée de Larboust, village d'Oô, vallées d'Aure, de Luchon ; fontaine de Benqué ; Castillon de Larboust.

Nav. *viridis*, Ehr. — Eau sulfureuse du Pont-de-Ravi. Fontaine de Lis. Fréquente et souvent abondante dans toutes les eaux pyrénéennes. Moins répandue en plaine.

Nav. *hemiptera,* Ktz. — Quelques rares exemplaires dans les eaux qui découlent des glaciers d'Oô et de Carbiéoues.

Nav. *divergens,* W. Sm. — Se rencontre quelquefois dans les hautes vallées. Rare.

Nav. *Brebissonii,* Ktz. — Eaux stagnantes de la plaine et des hautes montagnes. Juzet. Vallée d'Aure. Plateau de Lannemezan, canal d'irrigation. Vieille-Toulouse.

GENRE XII. — **STAURONEIS.** EHR. 1843.

Stauroneis Cohnii, Hilse. — Flaques d'eau, grands lacs. Fréquente en montagne.

Sta. var. *minuta,* Ktz. — Mêmes conditions que la précédente. Plus rare.

Sta. *anceps,* Ehr. — Lac d'Estagnau. Vallée de Burbe. Muret, la Louge. (Dr Edouard Audiguier.)

Sta. var. *elliptica,* Ehr. — Toulouse, Jardin-des-Plantes. (J. Comère.)

Sta. *amphicephala,* Ktz. — Assez rare.

Sta. *legumen,* Ehr. — J'en ai trouvé seulement deux exemplaires dans mes récoltes faites aux marais de Juzet.

Sta. *lanceolata,* Ktz. — Eaux ferrugineuses de Juzet, souvent abondante.

Sta. *phœnicenteron,* Nitzch. — Même localité que la précédente, mêmes conditions.

GENRE XIII. — **MASTOGLOIA.** THWAITES. 1848.

Mastogloia Smithii, Thw. (fig. 16) — La Neste d'Aure, Boussens, Carbonne.

Mas. var. *lanceolata,* Thw. — Cette variété est presque semblable au *Mas. Smithii.*

GENRE XIV. — **PLEUROSIGMA.** W. SM. 1853.

Pleurosigma attenuatum, W. Sm. — Vieille-Toulouse, Muret, Carbonne. Commune aux environs de Toulouse, moins fréquente dans la montagne.

Ple. *acuminatum,* Grün. — Quelques exemplaires récoltés à Saint-Mamet, Juzet, Barbazan. Plus abondante dans la plaine.

Ple. *scalproïdes*, Rab. — Saint-Gaudens ; canal de Saint-Martory ; Carbonne. Toulouse, ramier du Bazacle.

Ple. *lacustre*, W. Sm. — Assez rare.

Ple. *Spencerii*, W. Sm. — J'en ai trouvé quelques rares exemplaires, mélangés à d'autres Diatomées, dans mes récoltes provenant du canal de Saint-Martory.

5e Tribu. — AMPHIPRORÉES.

GENRE XV. — **AMPHIPLEURA**. KTZ. 1844.

Amphipleura pellucida, Ktz. — Récoltée presque pure dans un petit ruisseau de la vallée de Lis. Très commune à Toulouse dans les fossés de Pech-David.

M. J. Comère a recueilli à Bagnères-de-Luchon une espèce « qui diffère notamment, par sa taille réduite, du type normal ».

Amp. *pellucida minor*. — Val de Burbe. (Ch. Fabre.)

6e Tribu. — NITZSCHIÉES.

GENRE XVI. — **NITZSCHIA**. HASS. 1845.

Nitzschia amphioxys. Ehr. — Juzet, le Gers, la Simone. Marais de Braqueville.

Nit. *vitrea*, Norman. — « Cette espèce, — dit M. H. Peragallo, — donnée comme submarine par Rabenhorst, se trouve abondamment dans les Pyrénées. »

Nit. *commutata*, Grün. — Environs de Toulouse.

Nit. *constricta*, Ktz. — Gavarnie. Vallée de Larboust, fontaine de Paysas. (Récoltée en compagnie de M. Julien Sacaze.)

Nit. *thermalis*, Auersw. — Saint-Mamet, eaux limoneuses et ferrugineuses de Juzet. Assez fréquente.

Nit. *parvula*, W. Sm. — Rare.

Nit. *sigmoidea*, Nitz. — Canal de Saint-Martory. Abondante dans la plaine et la région sous-pyrénéenne.

Nit. *Brebissonii*, W. Sm. — Vallées du Salat, de la Garonne, du Gers.

Nit.	*Sigmatella*, Grég.	— Abondante à Toulouse.
Nit.	*frustulum*, Grün.	— Toulouse. (H. Peragallo.)
Nit.	*Clausii*, Hantz.	— Mêlée à la forme précédente. Rare.
Nit.	*perpusilla*, Grün.	— Petite espèce très abondante.
Nit.	*linearis*, Ag.	— Commune partout.
Nit.	*tenuis*, W. Sm.	— Mélangée à l'espèce ci-dessus. Moins fréquente.
Nit.	*minutissima*. W. Sm.	— Abonde sur les rochers et les mousses humides des forêts de la montagne.
Nit.	*communis*, W. Sm.	— Mêmes conditions que la précédente, mais peu fréquente.
Nit.	*ovalis*, Arnott.	— Allées Saint-Michel, Toulouse. (J. Comère.)
Nit.	*palea*, Ktz.	— Abonde dans toutes les eaux. Plaine et montagnes.
Nit.	*fonticola*, Grün.	— Toulouse, ramier du Bazacle.
Nit.	*subtilis*, Grün.	— Assez répandue.
Nit.	*acicularis*, Cg.	— Commune dans les vallées d'Aure, de Burbe, de Luchon, de Saint-Béat, etc. Moins fréquente en plaine.

Genre XVII. — **TRYBLIONELLA**. W. Sm. 1853.

Tryblionella	*Hantzschiana*, Grün.	— La Gimone, le Gers; canal de Saint-Martory.
Try.	*angustata*, W. Sm.	— Juzet. Quelques exemplaires mélangés à d'autres Diatomées.

7e Tribu. — SURIRELLÉES.

Genre XVIII. — **SURIRELLA**. Turpin. 1827.

Surirella	*linearis*, W. Sm.	— Assez répandue à Luchon et dans les vallées voisines.
Sur.	*pinnata*, W. Sm.	— Plateau de Lannemezan, plaine de Montréjeau. Fréquente dans la montagne, commune aux environs de Toulouse.
Sur.	*angusta*, Ktz.	— Mêmes localités que la *Sur. pinnata*.
Sur.	*minuta*, Bréb.	— Très répandue dans les eaux stagnantes et marécageuses de la plaine et des montagnes.
Sur.	*ovata*, Ktz.	— On la rencontre fréquemment, sous forme d'écume brunâtre ou mordorée, flottant à la surface des eaux stagnantes ou marécageuses.

Sur. *crumena* (fig. 15), Bréb. — Espèce fort rare dans les Pyrénées centrales. Saint-Mamet.

Sur. *ovalis*, Bréb. — L'on en récolte quelques rares exemplaires, mêlés à d'autres Diatomées, dans les eaux limoneuses ou dormantes de Juzet, Saint-Mamet ; lac d'Estagnau. Toulouse, marais de Croix-Daurade.

Sur. *splendida* (Ehr.), Ktz. — Récoltée presque pure à la surface d'une flaque d'eau stagnante, près de Saint-Mamet. Rare dans la plaine.

Sur. *biseriata* (Ehr.), Bréb. — Assez fréquente dans les eaux froides et vives de la montagne. Très rare aux environs de Toulouse.

Sur. *spiralis*, Ktz. — Mêmes localités, mêmes conditions que la *Sur. splendida*. Moins abondante.

GENRE XIX. — **CAMPYLODISCUS**. EHR. 1841.

Campylodiscus noricus, Ehr. — Lac d'Estagnau. Jamais abondante.

Cam. var. *costatus*. — Même localité. La forme type et la variété sont assez rares dans les eaux pyrénéennes.

GENRE XX. — **CYMATOPLEURA**. SM. 1853.

Cymatopleura elliptica (Bréb.), W. Sm. — Espèce très rare dans nos régions.

Cyma. *solea* (Bréb.), W. Sm. — Juzet. Lac d'Estagnau. Carbonne, Muret, Portet-Saint-Simon, Toulouse.

Cyma. var. *apiculata*, (Pritzch.). — Mêlée au type. Quelques exemplaires dans la sulfuraire du Pont-de-Ravi. Saint-Mamet.

8e Tribu. — SYNÉDRÉES.

GENRE XXI. — **SYNEDRA**. EHR. 1831.

Synedra capitata, Ehr. — Eaux stagnantes, fossés, canaux d'irrigation de la plaine et des montagnes. Toulouse, canal du Midi. Marais de la Cépière.

Syn. *amphirhynchus*, Ehr. — Mêmes conditions, mêmes localités que la précédente.

Syn. *splendens*, Ktz. — Eaux stagnantes ou marécageuses, petits fossés, ruisseaux, marais. Vallées de Larboust, de Luchon, d'Aure, de Saint-Béat, de la Garonne, etc.

Syn. *Ulna*, Ehr. — Cette espèce, l'une des plus répandues dans les eaux pyrénéennes, est aussi fort abondante dans la plaine.

Syn. var. *a. æqualis*..... — Sulfuraire du Pont-de-Ravi. Source sulfureuse et ferrugineuse de Lis. Abonde sur toutes les plantes aquatiques des marais et des eaux stagnantes de la plaine et des montagnes.

Syn. var. *b. longissima*..... — Pyrénées centrales, environs de Toulouse. Très commune.

Syn. var. *C. valvisundulatis*..... — Toulouse. (H. Peragallo.)

Syn. *fontinalis*, W. Sm. — Pont-de-Ravi.

Syn. *acus*, Ktz. — Répandue en montagne.

Syn. *delicatissima*, W. Sm. — Rare. Flourens (près Toulouse), sur les plantes aquatiques d'un vivier. (J. Comère.)

Syn. *radians*, Ktz. — Sur les plantes aquatiques.

Syn. *subtilis*, Ktz. — Peu commune.

Syn. *acuta*, Ehr. — Lac d'Oô. (Récoltée par M. Certes.)

Syn. *oxyrhynchus*, Ktz. — Même localité que la précédente. Assez rare.

Syn. *pulchella*, Ktz. — Région sous-pyrénéenne.

Syn. *gracilis*, Ktz. — Se rencontre sur les algues filamenteuses de toutes les eaux.

Syn. *minutissima*, W. Sm. — Abonde sur les *Spyrogirées*, les *Lemna*, les *Potamogeton*, etc.

Syn. *Vaucheria*, Ktz. — Vallées d'Aure, de Luchon, de Saint-Béat. Plateau de Lannemezan. Plaine de Saint-Gaudens. Rare aux environs de Toulouse.

Syn. *rumpens* (Ktz.), Grün. — Toulouse. (H. Peragallo.)

Syn. *lanceolata*, Ktz. — Eaux stagnantes.

Syn. *lunaris*, Ehr. — Lacs d'Espingo, des Gourgoutes, d'Oô.

Syn. *bilunaris*, Ehr. — Mêlée à la forme type, fréquente dans les mêmes localités, ainsi qu'à Juzet.

Syn. *biceps*, W. Sm. — Eaux stagnantes et ferrugineuses de Juzet. Source ferrugineuse de Castel-Biel.

Genre XXII. — STAUROSIRA. (Ehr.) Paul Petit. 1877.

Staurosira capucina. (Frag. *capucina*, Desmez.)		— Abonde sur les herbes humides des bois. Très commune dans la forêt de Cheruga.
Stau.	*var. acuta*, Ehr.	— Environs de Toulouse.
Stau.	*contracta*, Schum.	— Toulouse.
Stau.	*mutabilis*, W. Sm.	— Abondante dans les eaux vives et stagnantes ; grands lacs, fossés des routes, ruisseaux de la région pyrénéenne et sous-pyrénéenne.
Stau.	*construens*, Ehr.	— Saint-Mamet, Juzet, Marignac, vallée d'Aure, val de Burbe. Peu commune dans la plaine.
Stau.	*Harrissonii* (W. Sm.), Paul Petit	— La Neste, d'Aure, plateau de Lannemezan, canal de Saint-Martory. Fréquente dans la montagne, peu répandue dans la plaine.
Stau.	*parasitica* (Odontidium, W. Sm.), Paul Petit.	— Cette petite espèce est assez rare dans la région pyrénéenne.

9e Tribu. — EUNOTIÉES.

Genre XXIII. — **EUNOTIA**. Ehr. 1837.

Eunotia gracilis, Ehr. — Toulouse, polygone d'artillerie. (J. Comère.)
Eun. tridentula, Ehr. — Eaux marécageuses d'Estagnau. Rare.
Eun. lunaris, Grün. — Toulouse. Juzet.
Eun. var. *excisa* (fig. 1), Grün. — Ruisseau près de la cascade de Juzet.

Genre XXIV. — **HIMANTIDIUM**, Ehr. 1840.

Himantidium arcus, Ehr. — Récoltée à la fontaine de Paysas, en compagnie de M. Julien Sacaze. Abonde dans toutes les eaux des Pyrénées centrales.
Him. majus, W. Sm. — Vallée d'Aure, vallée d'Oueil, vallée de Luchon. Peu fréquente dans la région sous-pyrénéenne.
Him. gracile, Ehr. — Vallée d'Oô, val d'Astos, Médassoles, Benqué.
Him. parallelum, Ehr. — Toulouse. (H. Peragallo.)
Him. pectinale, Ehr. — Fontaine de Caraouet, cascade Sidonie, Montauban, Juzet, Marignac, etc.
Him. var. a. *undulatum*. — Mêmes localités.
var. b. *minus* Grün. — Mélangée aux deux formes précédentes.
Him. Soleirolii, Ktz. — Marais de Juzet; lac d'Estagnau.
Him. bidens, W, Sm. — Lac d'Oô, Neste d'Oô, La Pique. Eaux vives. Assez rare.
Him. diadema (fig. 7), Ehr. — Juzet.

Sous-famille II. — COCCOCHROMATICÉES.

10e Tribu. — FRAGILARIÉES.

Genre XXV. — **FRAGILARIA**. Ag. 1824.

Fragilaria Harrissonii (W. Sm.) Grün. — Juzet; Saint-Mamet; fontaine de la route forestière; petits ruisseaux, rochers humides, marais des basses et hautes vallées.

Fra. *mutabilis*, Grün. — Eaux vives, lacs, cascades, fontaines des hautes vallées.

Fra. *construens*, Grün. — Eaux tourbeuses et limoneuses de la montagne. Rare dans la plaine.

Fra. *var. Binodis*, Grün. — Espèce très petite qui se rencontre souvent sur les frustules de la *Synedra Ulna*.

Fra *capucina*, Desm. — Abonde dans les eaux tranquilles des montagnes et de la plaine. Je l'ai récoltée presque pure dans le bassin de la place Lafayette, à Toulouse.

Fra. var. *constricta*. — En montagne, on la trouve souvent mêlée à la forme type. Rare à Toulouse.

Fra. *virescens*, Ralfs. — Lac d'Espingo, lac des Gourgouttes, lac Vert. Juzet. Eaux vives de la montagne.

Fra. var. *exigua*, Grün. — Pyrénées. (H. Peragallo.)

Genre XXVI. — **DENTICULA**. Ktz. 1844.

Denticula tenuis, Ktz. — Juzet. La Gimone; le Gers; Croix-Falgarde.

Den. *inflata*, W. Sm. — Très répandue dans la vallée d'Aure et de Luchon.

Den. *obtusa*, W. Sm. — Luchon, Toulouse.

Den. *tabellaria*, Gr. — Environs de Toulouse, Rare.

Genre XXVII. — **DIATOMA**. de Candolle. 1805.

Diatoma grande, W. Sm. — Lacs et cours d'eau de la région montagneuse.

Dia. *elongatum*, Ag. — Vallées de Luchon, de Larboust, d'Aure, de Saint-Béat (Pont-du-Roi), du Salat, etc.

Dia. *vulgare*, Bory. — Commune aux environs de Toulouse. Plus abondante que la *Dia. elongatum*, dans les montagnes.

Dia. *Hiemale* (Odontidium) (fig.) (Ktz.) Grün. — Clot des Piches, Saouzat, Oô; vallées d'Aure; de Luchon, de l'Ariège, Vicdessos. — Je ne l'ai jamais récoltée dans la plaine.

Dia. var. *mesodon*. (Odontidium mesodon, Kütz.) — Mêlée à la forme type, dans la haute montagne.

11e Tribu. — MÉRIDIÉES.

Genre XXVIII. — **MERIDION**. Agardh. 1824.

Meridion circulare, Ag. — Gavarnie. Cascades de la vallée de Lis, de Luchon, de Burbe; fontaine de Paysas, Juzet, Vicdessos, Croix-Falgarde. Commune.

Mer. constrictum, Ralfs. — Mêmes localités, et tout aussi abondante que la précédente.

13e Tribu. — TABELLARIÉES.

Genre XXIX. — **TABELLARIA**. Ehr. 1839.

Tabellaria floculosa (Roth.), Ktz. } Forme type et variétés mêlées.
Tab. var. *ventricosa*. }
Répandues dans la plaine.

Tab. fenestra (Lynb.) Ktz. — Mêmes conditions que les deux formes précédentes. Moins abondante. Rare en plaine.

16e Tribu. — GAILLONELLÉES.

Genre XXX. — **CYCLOTELLA**. Ktz. 1833.

Cyclotella Kutzingiana, Thw. — Abondante dans les lacs et sources d'eau vive de la montagne. Rare en plaine.

Cyc. var. *Menenghiniana*, Ktz. — Mêlée à la forme type.

Cyc. operculata, Ag. — Lacs, ruisseaux, eaux marécageuses. Fontaine de Castel-Biel (récoltée en compagnie de M. Pierre Sacaze). Fontaine de la route forestière de Superbagnères.

Cyc. minutula, Ktz. — Peu commune.

Genre XXXI. — **GAILLONELLA**. Bory de Saint-Vincent, 1823.

Gaillonella arenaria, Ehr. (Melosira arenaria. Moor) — Hautes altitudes. Abondante dans l'eau des glaciers.

Gaill. varians, Ehr. — Gavarnie (M. Ch. Fabre), vallée d'Aure, Luchon, Saint-Girons, le Gers, la Garonne. Très abondante et souvent presque pure.

Gaill. orichalcea, Ehr. — Assez rare dans nos régions.

ÉMILE BELLOC.

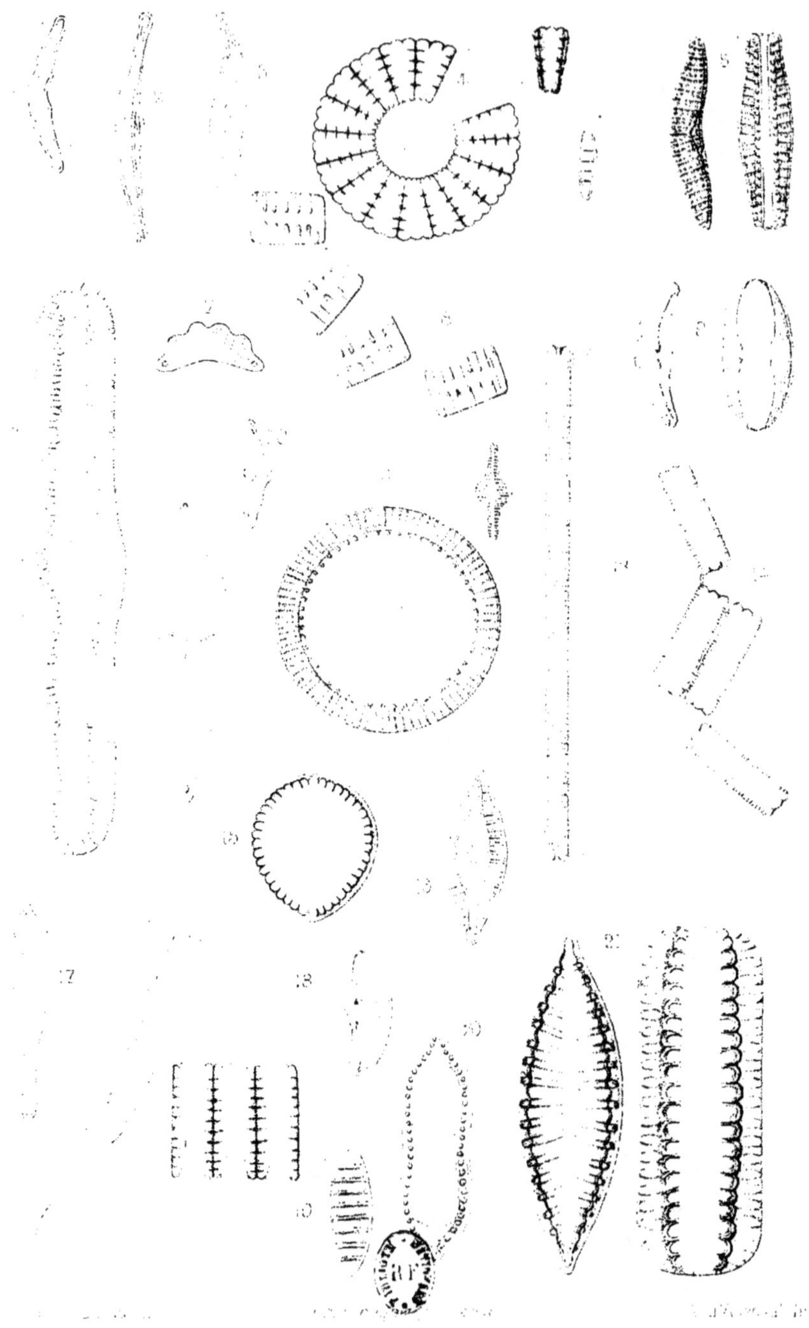

Diatomées des Pyrénées centrales.

EXPLICATION DES FIGURES.

Fig.

1. *Eunotia lunaris*, var. exisa Grun. (*Synedra falcata*, Bréb.)
2. *Himantidium Arcus*, Ehr. (*Ceratoneis*, Kütz.) (*Eunotia*, W. sm.)
3. *Pleurosigma Spencerii*, var Smithii Grün.
4. *Meridion circulare*, Agr.
5. *Epithemia turgida*, (Ehr.), Ktz.
6. *Navicula major*, Ktz.
7. *Himantidium Diadema*, Ehr.
8. *Tabellaria flocculosa*, (Roth.), Ktz.
9. *Amphora ovalis*, Ktz.
10. *Stauroneis Legumen*, Ehr.
11. — *Phœnicenteron*, Nitzsch.
12. *Gaillonella arenaria*, Ehr. (*Melosira arenaria* Moor.) (*Orthosira arenaria*), W. sm.
13. *Synedra Ulna*, Ehr.
14. *Diatoma vulgare*, Bory.
15. *Surirella Crumena*, Bréb.
16. *Mastogloia Smithii*, Th.
17. *Gomphonema acuminatum*, Ehr.
18. *Navicula elliptica* Ktz.
19. *Odontidium hiemale*, Ktz. (*Diatoma hiemale.*)
20. *Cymatopleura apiculata*, Pritch.
21. *Surirella biseriata*, Bréb.

Les Diatomées figurées ci-contre ont été grossies 300 fois. Cette amplification uniforme facilitera la comparaison.

INDEX

Saint-Gaudens. — Imprimerie Abadie.

REVUE DE COMMINGES

— PYRÉNÉES CENTRALES —

BULLETIN DE LA SOCIÉTÉ DES ÉTUDES DU COMMINGES

SOUS LA DIRECTION DE

JULIEN SACAZE

TOME III

SOMMAIRE DE LA 3e LIVRAISON DE L'ANNÉE 1887

1re Partie : SCIENCES HISTORIQUES.

I. Julien Sacaze : Histoire ancienne de Luchon (avec 38 gravures, dont 27 inédites).
II. Le dieu Tantugou ; légende de Luchon (dans l'idiome local).
III. Comte E. de Comminges : les Comtes de Comminges (avec 2 gravures inédites).
IV. Alphonse Couget : M. d'Étigny à Luchon (avec un dessin de la statue de l'intendant d'Étigny, par Crauk).
V. Baron d'Agos : l'Ancienne église de Luchon (avec un plan inédit de cette église, par M. Loupot, architecte).

2e Partie : SCIENCES NATURELLES.

VI. Dr F. Garrigou : Les sources et les galeries de captage de Bagnères-de-Luchon (avec un nouveau plan des galeries).
VII. Dr Ferras : Étude médicale sur les Thermes de Luchon.
VIII. Dr Estradère : Constitution médicale de Luchon.
IX. Ed. Willm : Analyses chimiques des eaux sulfureuses de Luchon.
X. Émile Belloc : Les Diatomées de Luchon et des Pyrénées centrales (avec une planche inédite dessinée par l'auteur).

Suppléments.

XI. Dr Estradère : Note sur le projet de chemin de fer transpyrénéen central par Luchon-Venasque-Monzon.
XII. Ch. Fourcade : Les Marbres de Luchon.

www.ingramcontent.com/pod-product-compliance
Lightning Source LLC
LaVergne TN
LVHW020049170826
845678LV00001B/495

* 9 7 8 2 3 2 9 6 8 9 8 5 2 *